建筑与市政工程施工现场专业人员继续教育教材

施工安全内业管理

中国建设教育协会继续教育委员会　组织编写
虞和定　主编

中国建筑工业出版社

图书在版编目（CIP）数据

施工安全内业管理/虞和定主编. —北京：中国建筑工业出版社，2016.8
建筑与市政工程施工现场专业人员继续教育教材
ISBN 978-7-112-19219-9

Ⅰ.①施… Ⅱ.①虞… Ⅲ.①建筑工程-工程施工-安全管理-继续教育-教材 Ⅳ.①TU714

中国版本图书馆CIP数据核字（2016）第049874号

本教材共分六章，内容包括：建设单位安全内业管理，监理单位安全内业管理，勘察、设计单位安全内业管理，设备材料供应、租赁单位安全内业管理，施工单位安全内业管理，施工项目部安全内业管理等。

本教材可作为建筑与市政工程施工现场专业人员继续教育教材使用，也可作为相关专业人员参考用书。

责任编辑：朱首明 李 明 李 阳 刘平平
责任设计：李志立
责任校对：陈晶晶 赵 颖

建筑与市政工程施工现场专业人员继续教育教材
施工安全内业管理
中国建设教育协会继续教育委员会 组织编写
虞和定 主编
*
中国建筑工业出版社出版、发行（北京西郊百万庄）
各地新华书店、建筑书店经销
北京红光制版公司制版
北京君升印刷有限公司印刷
*
开本：787×1092毫米 1/16 印张：9¾ 字数：240千字
2016年6月第一版 2016年6月第一次印刷
定价：**27.00**元
ISBN 978-7-112-19219-9
(28463)

建筑与市政工程施工现场专业人员继续教育教材编审委员会

参编单位：

中建一局培训中心

北京建工培训中心

山东省建筑科学研究院

哈尔滨工业大学

河北工业大学

河北建筑工程学院

上海建峰职业技术学院

杭州建工集团有限责任公司

浙江赐泽标准技术咨询有限公司

浙江铭轩建筑工程有限公司

华恒建设集团有限公司

序

建筑与市政工程施工现场专业人员队伍素质是影响工程质量、安全、进度的关键因素。我国从20世纪80年代开始，在建设行业开展关键岗位培训考核和持证上岗工作，对于提高建设行业从业人员的素质起到了积极的作用。进入21世纪，在改革行政审批制度和转变政府职能的背景下，建设行业教育主管部门转变行业人才工作思路，积极规划和组织职业标准的研发。在住房和城乡建设部人事司的主持下，由中国建设教育协会主编了建设行业的第一部职业标准——《建筑与市政工程施工现场专业人员职业标准》JGJ/T 250—2011，于2012年1月1日起实施。为推动该标准的贯彻落实，中国建设教育协会组织有关专家编写了考核评价大纲、标准培训教材和配套习题集。

随着时代的发展，建筑技术日新月异，为了让从业人员跟上时代的发展要求，使他们的从业有后继动力，就要在行业内建立终身学习制度。为此，为了满足建设行业现场专业人员继续教育培训工作的需要，继续教育委员会组织业内专家，按照《标准》中对从业人员能力的要求，结合行业发展的需求，编写了《建筑与市政工程施工现场专业人员继续教育教材》。

本套教材作者均为长期从事技术工作和培训工作的业内专家，主要内容都经过反复筛选，特别注意满足企业用人需求，加强专业人员岗位实操能力。编写时均以企业岗位实际需求为出发点，按照简洁、实用的原则，精选热点专题，突出能力提升，能在有限的学时内满足现场专业人员继续教育培训的需求。我们还邀请专家为通用教材录制了视频课程，以方便大家学习。

由于时间仓促，教材编写过程中难免存在不足，我们恳请使用本套教材的培训机构、教师和广大学员多提宝贵意见，以便我们今后进一步修订，使其不断完善。

中国建设教育协会继续教育委员会

2015年12月

前　言

施工安全内业管理水平的提高，可以进一步推动中国建筑行业健康、有序、可持续地发展。我国建筑行业应重视施工安全内业管理，安全内业管理与生产的关系是辩证统一的关系，而不是对立的、矛盾的关系，统一性表现在：生产必须安全，有序的安全内业管理可以促进生产。但是，在实际建筑施工过程中仍存在一些不安全生产现象，这说明施工单位在施工质量与安全生产内业管理控制工作中仍存在一定的欠缺。为此，本书就如何规范、有序地进行施工现场安全内业管理工作展开叙述。

施工安全内业管理既是安全管理的基础，又是安全管理的重要依据，也是安全宣贯工作的基本要求。它是本单位安全生产管理过程的真实记录，能反映出本单位安全生产管理过程中的工作量和基本状况，也能反映出本单位的安全生产管理水平。

本教材共有六章，分别论述了施工安全内业管理的要求，具体内容包括：建设单位安全内业管理；监理单位安全内业管理；勘察、设计单位安全内业管理；设备材料供应、租赁单位安全内业管理；施工单位安全内业管理；施工项目部安全内业管理。

本教材通过分析建设、监理、勘察设计、材料供应与租赁、施工单位安全内业管理的各要素，将建筑施工安全内业资料的形成和积累纳入工程建设管理的各个环节，着力体现各主体安全责任，逐级建立健全建筑施工安全内业管理的岗位责任制，对建筑施工安全内业的真实性、完整性和有效性负责，从而为领导者提供安全管理状况、管理决策和指导安全生产的依据；也可帮助生产人员预知危险，消除隐患，总结经验教训，改进管理方法，提高管理水平。

本教材由华恒建设集团有限公司虞和定担任主编，浙江天华建设集团有限公司来林方、浙江祥生建设工程有限公司孙伯儒、浙江凯邦建设有限公司戚铁军担任副主编，由杭州建工集团有限责任公司王明波、华恒建设集团有限公司虞和登、浙江天成项目管理有限公司郭嵩、杭州高新（滨江）水务有限公司林金桃参与编写。

本教材编写过程中参考了有关作者的著作，在此表示深深的谢意。

本教材内容虽经过广泛收集、反复推敲，但难免有疏漏之处，敬请广大读者批评、指正。

目　录

一、建设单位安全内业管理

（一）施工环境内业资料

1. 施工环境内业资料的管理规定

（1）建设单位在施工准备阶段应提供施工现场周边环境资料和毗邻区域内的供水、排水、供电、供气、供热、通信、广播电视等地下管线资料。这些资料的全面、及时、准确，对于建设项目的顺利实施具有重要作用。

（2）建设单位应提供毗邻区域范围的资料：与施工现场相连的、有公共地下管线、有相邻建筑物和构筑物以及地下工程区域的内业资料。

（3）建设单位应提供相邻建筑物和构筑物、地下工程的有关情况的内业资料。主要包括：

1）场地周围30m内或深井降水影响区域内建（构）筑物（含高压线）的结构类型、层数、基础类型、埋深、基础荷载大小、上部结构现状（含使用所限）及对差异沉降的灵敏性的情况。基坑四周道路的距离及道路类别、承载情况。

2）施工场地内供水、排水、供电、供气、通信、广播电视、古墓和人防等地下工程的走向及其地下埋设深度情况。

3）场地周围和邻近地区地表水汇流、排泄情况、地下水管渗漏情况。

（4）建筑施工露天作业时间较长，施工安全受气候影响较大时，建设单位应提供施工项目所在地的气象和水文观测资料（建设项目所在地的气象和水文对建筑施工安全影响较大时，应对气象和水文资料进行详细掌握，使建筑施工安全措施有针对性）。

2. 施工环境内业资料的管理要素

（1）施工现场环境管理体系的建立

1）环境管理体系是建立在一个由“策划、实施、检查评审和改进”几个环节构成的动态循环过程的基础上的，同时环境管理体系建立是为了满足：

A. 保护人类生存和发展的需要；

B. 国民经济可持续发展的需要；

C. 建立市场经济体制需要；

D. 国内外贸易发展的需要；

E. 环境管理现代化的需要。

2）环境管理体系内容包括：

A. 环境管理体系是组织整个管理体系的一个组成部分，包括为制定、实施、实现、评审和保持环境方针所需的组织机构、规划活动、机构职责、惯例、程序、过程和资源。它包含五大部分，17个要素。

B. 五大部分包含了环境管理体系的建立过程和建立后有计划地评审及持续改进的循环，以保证组织内部环境管理体系的不断完善和提高。五大部分具体指：环境方针，规划（策划），实施与运行，检查与纠正措施，管理评审。

C. 环境管理体系围绕环境方针的要求展开环境管理，内容包括制定环境方针、根据环境方针制定符合本组织的目标指标、实施并实现环境方针及目标指标的相关内容、对实施情况和实施程度予以保持等。17个要素指：

（A）环境方针；

（B）环境因素；

（C）法律与其他要求；

（D）目标和指标；

（E）环境管理方案；

（F）组织机构和职责；

（G）培训、意识与能力；

（H）信息交流；

（I）环境管理体系文件编制；

（J）文件控制；

（K）运行控制；

（L）应急准备和响应；

（M）检测；

（N）不符合、纠正与预防措施；

（O）记录；

（P）环境管理体系审核；

（Q）管理评审。

（2）施工环境管理组织及职责分配管理

1）环境管理组织

A. 项目管理者代表：负责项目环境保护的建立、实施和改进工作。

B. 项目技术科：负责编制施工现场各项环境管理方案或环境保护作业指导书，并指导和检查实施情况。

C. 项目办公室：负责废水管理，施工现场的生活垃圾，办公废弃物处置与管理。

D. 项目材料科：负责废弃物、施工现场的建筑垃圾处置与管理，并对易燃易爆物品的管理。

E. 项目安全保安科：负责对易燃、易爆、油品、安全用电及化学品的管理和对施工现场扬尘实施控制。

2）环境管理小组

A. 组长：负责整个施工现场环境的全面管理，也是环境管理的第一责任人。

B. 副组长1：协助组长组织环境管理的落实，主要负责办公区、生活区、办公室、食堂、工人宿舍、垃圾站的环境管理。

C. 副组长2：负责整个施工现场环境方案的编制、审批，并监督方案的执行。

D. 副组长3：负责施工现场环境管理工作，包括现场规划、现场排水及装修工程环境管理。

E. 副组长4：负责施工现场钢筋房、木工房、搅拌站及施工层环境管理。

（3）环境管理程序

1）环境的管理程序是：①确定项目环境管理目标；②进行项目环境管理策划；③实施项目环境管理策划；④验证并持续改进。

2）单位应根据批准的建设项目环境影响报告，通过对环境因素的识别和评估，确定管理目标及指标，并在各个阶段贯彻实施。项目的环境管理必须遵循上述的程序管理。

（4）施工环境保护标准

为了保障在一线作业的建筑施工人员的身体健康和生命安全，改善他们的工作生活环境，《建筑施工现场环境与卫生标准》JGJ 146—2013 为建筑施工现场环境设置了标准。为了更好地推动标准的贯彻落实，应对建筑施工企业、监理单位和有关从业人员进行全面的建筑施工现场环境问题防治措施的要求与技术培训；应强化建筑施工现场环境监督管理；最后应严格落实标准对建筑工地主要环境卫生问题的防治措施检查。

只有对《建筑施工现场环境与卫生标准》JGJ 146—2013 贯彻落实，才能够逐步改善建筑工地的环境状况，给建筑施工人员创造一个健康、卫生、舒心的工作和生活环境。

（5）项目经理部（建设方）环境管理的工作内容及要求

项目经理部负责环境管理工作由项目经理部总体策划和部署，建立项目环境管理组织机构，制定相应制度和措施，组织培训，使各级人员明确环境保护的意义和责任。

1）工作内容：

A. 按分区划块原则，搞好项目的环境管理，进行定期检查，加强协调，及时解决发现问题，实施纠正和预防措施，保持现场良好的作业环境、卫生条件和工作秩序，做到污染预防。

B. 对环境因素进行控制，制定应急准备和相应措施，并保证信息通畅，预防可能出现非预期的损害。在出现环境事故时，应消除污染，并应制定相应措施，防止环境二次污染。

C. 进行现场节能管理，有条件时应规定能源使用指标。

D. 应保存有关环境管理的工作记录。

2）要求

A. 把环保指标以责任书的形式层层分解到有关单位和个人，列入承包合同和岗位责任制，建立一个懂行善管的环保自我监控体系。

B. 项目开工前，必须向所在地区的环境保护部门提出申请，经审查批准后，方可施工。

C. 要加强检查，加强对施工现场粉尘、噪声、废弃物的监测和监控工作。要与文明施工现场管理一起检查、考核、奖罚。

D. 建设单位应该负责协调外部关系，同当地居委会、村委会、办事处、派出所、居民、施工单位、环保部门加强联系。施工单位要制定有效措施，控制人为噪声、粉尘的污染；采取技术措施控制烟尘、污水、噪声污染。

E. 项目施工过程中，应结合各个施工阶段的特点进行环境保护交底。施工现场分三个阶段（基础、结构、装修）进行噪声监测并记录，发现问题及时整改。

F. 在编制施工组织设计时，必须有环境保护的技术措施，在施工现场平面布置和组织施工过程中，要执行国家、地区、行业和企业有关防治空气污染、水源污染、噪声污染等环境保护的法律、法规和规章制度。

G. 施工现场的办公区和生活区应设置明显的有节水、节能、节材、节约土地等具体内容的警示标识。

H. 建筑工程施工由于技术、经济条件限制，对环境的污染不能控制在规定范围内的，建设单位应当同施工单位事先报请当地建设行政主管部门和环境行政主管部门批准。

（6）施工现场环境管理方案及措施制定

1）环境管理目标

A. 粉尘、污水、噪声达到城市管理要求。

B. 污染物、废弃物排放率达到城市管理要求。

C. 节能降耗，最大限度地降低工程成本。

2）环境管理方案

A. 对施工现场的重要环境因素进行有效的控制。

重要环境因素包括：噪声、废水排放、固体废弃物处理、扬尘、能源资源节约等，在控制环境因素的同时还应提倡厉行节约，降低消耗。

B. 施工现场的每一活动前，责任人均应对重要环境因素进行分析和策划，以保证万无一失。

C. 制定施工现场环境管理控制措施。

3）环境保护管理控制措施

A. 环境影响控制

（A）工程开工前，建设单位应组织对施工场地所在地区的土壤环境现状进行调查，制定科学的保护或恢复措施，防止施工过程中造成土壤侵蚀、退化，减少施工活动对土壤环境的破坏和污染。

（B）建设项目涉及古树名木保护的，工程开工前，应由建设单位提供政府主管部门批准的文件，未经批准不得施工；建设项目施工中涉及古树名木确需迁移，应按照古树名木移植的有关规定办理移植许可证和组织施工；对场地内无法移栽、必须原地保留的古树名木应划定保护区域。严格履行园林部门批准的保护方案，采取有效保护措施。

（C）施工单位在施工过程中一旦发现文物，应立即停止施工，保护现场并通报文物管理部门。建设项目场地内因特殊情况不能避开地上文物，应积极履行经文物行政主管部门审核批准的原址保护方案，确保其不受施工活动损害。

（D）对于因施工而破坏的植被、造成的裸土，必须及时采取有效措施，以避免土壤侵蚀、流失。如采取覆盖砂石、种植速生草种等措施。施工结束后，被破坏的原有植被场地必须恢复或进行合理绿化。

B. 噪声控制措施

（A）施工场界噪声限值：土方施工阶段（昼间75dB，夜间55dB）；打桩施工阶段（昼间85dB，夜间禁止施工）；结构施工阶段（昼间70dB，夜间55dB）；装修施工阶段（昼间65dB，夜间55dB）。

（B）机械噪声控制：在正常使用下，易产生噪声超限的加工机械，如搅拌机、电锯、电刨等，采取封闭原则控制噪声的扩散。封闭材料应选择隔声效果好的材料，同时严格按照机械设备保养要求进行保养，保证机械的运转性能。选择低噪声设备，最大限度降低噪声。在有噪声的封闭作业环境下，要为操作工人配备相应的劳动保护用品。

（C）运输车辆噪声控制：车辆噪声采取减低速度的方法进行控制。

（D）其他噪声控制：如人员、塔吊指挥哨音、剔凿、架子或模板拆除等，这些噪声的产生多数为人为因素，通过加强教育、培训，使作业人员在工作中予以控制，作业时轻拿轻放，降低噪声。

（E）施工现场应遵照《建筑施工场界环境噪声排放标准》GB 12523—2011 制定降噪措施。在城市市区范围内，建筑施工过程中使用的设备，可能产生噪声污染的，施工单位应按有关规定向工程所在地的环保部门申报。

（F）严格控制人为噪声，进入施工现场不得高声喊叫、无故甩打模板、乱吹哨，限制高音喇叭的使用，最大限度地减少噪声扰民。

（G）施工现场的电锯、电刨、搅拌机、固定式混凝土输送泵、大型空气压缩机等强噪声设备应搭设封闭式机棚，并尽量设置在远离居民区的一侧，以减少噪声污染。尽量选用低噪声设备和工艺代替高噪声设备与加工工艺，如低噪声振捣器、风机、电动空压机、电锯等。

（H）凡在人口稠密区进行强噪声作业时，须严格控制作业时间，一般晚 10 点到次日早 6 点之间停止强噪声作业。因生产工艺上要求必须连续作业，确需在 22 时至次日 6 时进行施工的，建设单位和施工单位应当在施工前到工程所在地的区、县建设行政主管部门提出申请，经批准后方可进行夜间施工。

a. 建设单位应当会同施工单位做好周边居民工作，并公布施工期限。

b. 进行夜间施工作业的，应采取措施，最大限度减少施工噪声，可采用隔声布、低噪声振动棒等方法。

c. 对认为的施工噪声应有管理制度和降噪措施，并进行严格控制。承担夜间材料运输的车辆，进入施工现场严禁鸣笛，装卸材料应做到轻拿轻放，最大限度减少噪声扰民。

（I）在声源处安装消声器消声，即在通风机、鼓风机、压缩机、燃气轮机、内燃机及各类排气放空装置等进出风管的适当位置设置消声器。常用的消声器有阻性消声器、抗性消声器、阻抗复合消声器、微穿孔板消声器等。具体选用哪种消声器，应根据所需消声量、噪声源频率特性和消声器的声学性能及空气动力特性等因素而定。

（J）采取吸声、隔振、阻尼和隔声等声学处理的方法来降低噪声。

a. 吸声是利用吸声材料（如玻璃棉、矿渣棉、毛毡、泡沫塑料、吸声砖、木丝板、甘蔗板等）和吸声结构（如穿孔共振吸收结构、微穿孔板吸声结构、薄板共振吸声结构等）吸收通过的声音，减少室内噪声的反射来降低噪声。

b. 隔振就是防止振动能量从振源传递出去。隔振装置主要包括金属弹簧、隔振器、隔振垫（如剪切橡胶、气垫）等。常用的材料还有软木、矿渣棉、玻璃纤维等。

c. 阻尼就是用内摩擦损耗大的一些材料来消耗金属板的振动能量并变成热能散失掉，从而抑制金板的弯曲振动，使辐射噪声大幅度地削减。常用的阻尼材料有沥青、软橡胶和其他高分子涂料等。

d. 隔声是把发声的物体、场所用隔声材料（如砖、钢筋混凝土、钢板、厚木板等）封闭起来与周围隔绝。常用的隔声结构有隔声间、隔声机罩、隔声屏等。有单层隔声和双层隔声结构两种。

C. 废水控制措施

（A）开工前，应到当地环保部门进行排污申报登记。

（B）雨水处理：按照原场地情况，设置排水坡向，在低处设置排水沟，自然沉淀排出。

（C）生产、生活废水处理：凡在施工场地进行搅拌作业的，必须在搅拌机前台、混凝土输送泵及运输车辆清洗处设置沉淀池。如施工现场搅拌站废水，现制水磨石的污水、电石（碳化钙）的污水须经沉淀池沉淀后再排入城市污水管道或河流。最好采取措施，将沉淀水回收。用于工地洒水降尘。上述污水未经处理不得直接排入城市污水管道或河流中去。

（D）含泥砂的污水处理：应在污水排放处设置沉淀池，池内泥砂应及时清理，并作妥善处理。

（E）现场存放油料时，必须对库房地面进行防渗处理，储存和使用都要采取措施，防止油料泄漏，污染土壤水体。如采用防渗混凝土地面、铺油毡等。使用时，要采取措施，防止油料跑、冒、滴、漏，污染水体。

（F）施工现场100人以上的临时食堂，污染排放时应设置简易有效的隔油池，加强管理，制定专人负责定期掏油和杂物清理，防止污染。

（G）工地临时厕所、化粪池应采取防渗漏措施。中心城市施工现场的临时厕所可采取水冲式厕所、蹲坑上加盖，并有防蝇、灭蝇措施，防止污染水体和环境。

（H）禁止将有毒、有害废弃物作为回填材料使用。

（I）化学药品、外加剂等要妥善保管，库内存放，防止污染环境。

D. 扬尘污染控制

（A）施工现场周边必须设置围挡，施工现场主要道路必须进行硬化处理。办公区和生活区的裸露场地应进行绿化、美化；现场材料存放区、加工区及大模板存放场地应平整坚实；配备相应的洒水设备，指定专人及时洒水，减少扬尘污染。

（B）施工现场土方、灰堆、煤堆应集中堆放，采取覆盖、固化或绿化等措施，防止扬尘。

（C）一般扬尘源包括：土方开挖及运输、现场土方堆放、裸露的地表、易飞扬材料的运输、特殊施工工艺、现场搅拌站（房）、作业面及外脚手架、现场垃圾站等。

（D）土方开挖及运输：遇有四级风以上天气不得进行土方开挖、回填、转运以及其他可能产生扬尘污染的施工；表层土方开挖前，应洒水降尘，土方开挖及铲送土方，扬尘低于1.0m；土方运输必须使用密闭式运输车辆，避免运输中遗撒。

（E）现场土方堆放：现场道路、堆料场地全部采用硬化处理，避免裸露。其他裸露地面在有条件的现场可种花、种草，减少扬尘。

（F）施工现场出入口处设置冲洗车辆的设施，出场时必须将车辆清理干净，不得将泥砂带出现场，洗车污水应经沉淀后排出；土方施工期间指派专人负责现场大门外土方开挖影响区的清理。

（G）易飞扬材料的运输：应采取遮盖措施，进行严密遮盖；水泥和其他飞扬的细颗粒建筑材料进场、运输，应采取洒水降尘的措施，做到密闭存放，使用过程中应采取有效措施防止扬尘，并为作业人员配备相应的劳动保护用品。

（H）搅拌站（房）扬尘：搅拌机应在上料斗处设置自动喷淋降尘防尘装置，在投料时喷水降尘。

（I）作业面及外脚手架：高层或多层建筑周边封闭，强调工完场清制度，并及时对外脚手架进行清洁处理。

（J）垃圾清运：建筑物内的施工垃圾清运必须采用封闭式专用垃圾道或封闭式容器吊运，严禁凌空抛撒。施工现场应设置密闭式垃圾站，施工垃圾、生活垃圾分类存放。施工垃圾清运时应提前适量洒水，并按规定及时清运消纳。

E. 固体废弃物控制

（A）废弃物的分类放置：各生产废弃物的单位、部门均设置废弃物临时置放点，并在临时存放场地配备有标识的废弃物容器并分类放置废弃物。有毒有害废弃物要单独封闭放在一个地方，防止再次污染，对于废电池还要与其他有毒有害废弃物分开，单独放在密闭的容器。

（B）废弃物的运输：场内废弃物的临时存放点指定专人管理，并负责将废弃物运输到场内废弃物指定地点并分类放置；废弃物外运必须由有准运证、合法的单位进行，在运输出场前必须覆盖、严防遗撒；如施工车辆运输砂石、土方、渣土和建筑垃圾，采取密封、覆盖措施，避免泄露、遗撒，要卸载到指定地点。

（C）废弃物的处理：①分包方的施工、生活垃圾由分包方自行处理，项目部检查其执行情况；②有毒有害废弃物委托外单位处理，要求接纳处置单位出示资质证明和经营许可证；③与废弃物单位签订《废弃物清运协议书》；④项目部对废弃物的处置要进行检查，确保废弃物按协议要求得到处理。

（D）施工中应减少施工固体废弃物的产生。工程结束后，对施工中产生的固体废弃物必须全部清除。

（E）施工现场应设置封闭式垃圾站，施工垃圾、生活垃圾应分类存放，并按规定及时清运消纳。

F. 易燃、易爆、油品及化学品控制

（A）采购管理：所采购的易燃、易爆、化学危险品包装上应有危险标志，并索取其相关资料，由专职采购人员采购易燃、易爆和化学危险品。

（B）运输管理：运输时不准与有互相抵触而容易发生事故的物品在同一运输工具上，运输车辆应配备消防器材，并采取相应的防范措施，采购人员严禁携带易燃物品乘车、船。

（C）储存管理：贮存场所要符合消防安全条件，配备消防器材，并作警示标志。各类易燃易爆化学危险品贮存应设专用仓库、专用场地，并设专人管理；易燃、易爆、化学危险品要分类贮存管理，控制其库存量，并采取相应的防护措施；遇火、遇潮容易燃烧、爆炸的物品不得在有火源、潮湿漏雨处存放；桶装、罐装等易燃液体、气体应存放于阴凉通风处；各种气瓶存放距明火 10m 以上，搬动时不得碰撞，氧气瓶不能和可燃气瓶同放一处。

G. 资源、能源管理

（A）提倡使用清洁能源，减少处理费用。

（B）节约用电、用水、使用节电、节水设施和器材，避免长明灯、长流水。

（C）搅拌机、简易洗车池内污水经沉淀后，可再次利用，作为现场洒水降尘使用。

4）施工现场环境卫生保护制度

A. 工地设立卫生管理制度，划分卫生责任区，并有卫生检查记录。

B. 办公室、宿舍要清洁、整齐，物品摆放有序，床铺上下布局合理，生活区周围不泼污水、倾倒污物、随地大小便，生活垃圾要按指定地点集中分类回收处理及时清运。施工现场严禁焚烧各类废弃物。

C. 施工现场要天天打扫，保持整洁卫生，场地平整，各类物品堆放整齐，道路平坦畅通，无堆放物、无散落物，做到无积水、无黑臭、无垃圾，有排水措施。生活垃圾与建筑垃圾要分别定点堆放，严禁混放，并应及时清运。

D. 卫生区的平面图应按比例绘制，并注明责任区编号和负责人姓名。施工区、生活区有明确划分，设置标志牌，标牌上注明责任人和管理范围。

E. 施工现场零散材料和垃圾要及时清理，并且必须采用相应容器或管道运输，严禁凌空抛掷，垃圾临时存放不得超过三天，如违反规定应处罚工地责任人。

F. 办公室内应天天打扫，保持整洁卫生，窗明、地净，文具摆放整齐，如达不到要求，对当天卫生值班员罚款。

G. 冬季办公室和职工宿舍取暖炉，必须有验收手续，合格后方可使用。

H. 施工现场宿舍必须设置可开启式窗户，宿舍内的床铺不得超过 2 层，严禁使用通铺。职工宿舍铺上、铺下做到整洁有序，室内和宿舍四周保持干净，污水和污物、生活垃圾集中堆放，及时外运，发现不符合此条要求，处罚当天卫生值班员。

I. 楼内清理出的垃圾，要用容器或小推车，以塔式起重机或提升设备运下，严禁高空抛撒。

J. 施工现场的厕所，做到有顶、门窗齐全并有纱，坚持天天打扫，每周撒白灰或打药 1～2 次，消除蝇蛆，便坑须加盖。

K. 食堂必须办理食品卫生许可证，炊具经常洗刷，生熟食品分开存放，食物保管无腐烂变质，炊事人员必须办理健康证。

L. 为了广大职工身体健康，施工现场必须设置保温桶和开水，公用杯子必须采取消毒措施，茶水桶必须有盖并加锁。

M. 施工现场的卫生要定期进行检查，发现问题，限期改正。

5）完善绿色施工管理制度，提高环境内业管理水平

A. 绿色施工管理组织机构及责任划分。

B. 环境保护工作自我保障体系网络要有负责人，责任具体到操作者。

C. 绿色施工管理制度及措施：

（A）污染源平面图，进行标识（包括：洗车池、沉淀池、隔油池、化粪池、污水走向、雨水走向、噪声测点、空气压缩机、混凝土地泵、木工棚、搅拌机棚、水泥库、封闭垃圾站、油库等位置）。

（B）治理大气、水、噪声污染（包括节约用水、电，材料节约再利用、建筑机械节

能和降耗）的措施。

(C) 施工噪声监测记录：每半月一次噪声检查记录。记录要工整、齐全。填写《建筑施工场地噪声测量记录表》，测点位置示意图。

(D) 夜间施工的审批手续：有环保部门排污审批手续，当地区县建委夜间施工的审批手续。

(E) 检查、整改记录：检查记录（每月要进行两次自检）、检查评分记录扣分要注明原因、检查记录后附整改记录，上级检查记录。对检查出现的问题要及时进行整改。

(F) 绿色施工宣传教育记录：定期对项目部管理人员培训考核，要及时填写《绿色施工教育考核记录》；职工应知应会考核，试卷填写要认真，要有针对性；用红笔判卷打分（判卷要有标准）经评分后保存；严禁代答；公司及项目部组织的学习、参观等记录。

(G) 管理措施中还应包括以下内容：

a. 工程概况：工程基本情况。

b. 施工部署：绿色施工的原则及意义、绿色施工小组组成及分工、绿色施工的一般规定。

c. 资源节约：节约土地、节能、降耗措施（节水、电、气、热、燃料等）、材料节约与资源利用、施工机械设备管理。

d. 环境保护：①扬尘污染控制；②水土污染控制；③噪声污染管理；④光污染的控制；⑤施工垃圾的处理；⑥有毒物质的管理；⑦固定混凝土输送泵房的封闭做法；⑧施工固体废弃物控制；⑨办公纸张的管理；⑩地下设施；⑪文物和资源保护；⑫现场人为污染源的防治措施；⑬职业健康安全及卫生防疫。

D. 场地布置及临时设施建设。

（二）建筑材料供应阶段的内业资料管理

1. 建筑材料供应阶段的内业资料管理规定

(1) 由施工单位负责采购的材料设备，施工单位应提供材料设备的产品合格证明，并准备好建设单位验收通知单。

(2) 由建设单位提供的材料设备，建设单位应提供材料设备的种类、规格、数量、单价、质量、等级和提供时间；建设单位指定采购的建设用物资，建设单位应建立内业资料明确施工单位和建设单位相应的责任；建设项目所涉及的材料设备采购需要详细的材料设备清单。

(3) 为了加强建筑材料管理工作，确保工程质量，杜绝不合格建筑材料使用在工程建设上，建筑材料供应时必须符合以下几点：

1) 对工程所需的材料，坚持定品牌、定厂家、订合同，坚持认真考察、比较、跟踪采购、验收，做到所有入库建材都由甲方材料员验收；材料管理必须坚持合理选材、物尽其用，质优价廉的原则；坚持按设计要求选用材料，由专人负责监督施工方购料、用料。

2) 加强材料规范管理，主管领导、技术员、现场施工员、材料员组成材料监察小组，负责定材、选材、监督和验收。

3）甲方材料管理人员必须坚持原则，廉洁奉公，不得假公济私，收取回扣，不得向乙方推销产品。

4）对工程主辅材，建立样品入库制度，对所有工程用材都要求使用合格以上产品。必须要求有商标和材料说明书，并注明厂家、商家。

5）加强对施工方用材的管理监督，施工方不得使用不合格产品，不得使用非甲方认可的材料。

（4）材料供应阶段对材料管理员的要求：

1）材料管理人员必须坚持不断学习，要求对建筑所需的材料有关成分、性能、特点以及市场价格基本做到心中有数。为领导对有关建筑材料的确定提供相关依据；材料管理人员做好各种材料取样、贴签、存库工作；材料管理人员必须做到勤跑市场，勤跑施工工地；勤查看，即勤查看材料商标、合格证、生产厂家、出厂材质说明书是否与材料相符；勤查问，即勤问材料情况必须进行逐日登记。

2）建立工程材料资料档案，乙方材料员必须负责对材料的选定、采购、样品及验收进行规范的文字记载。

2. 建筑材料供应阶段内业资料管理要素

（1）材料供应阶段内业资料管理方针与原则的制定：从施工的生产出发，为生产服务制定的方针；加强计划管理的原则 ；加强核算；坚持按质论价的原则；厉行节约的原则。

（2）材料供应与管理的作用和要求：落实资源，保证供应；抓好实物采纳运输，加强周转，节省费用；加强施工现场材料管理，坚持定额用料；严格经济奖励，降低成本，提高效益。

（3）材料供应与管理的业务内容的制定：两个领域（流通领域和生产领域），三个方面（材料的供、管、用三者之间是紧密结合），八项业务（材料计划、组织货源、运输供应、验收保管、现场材料管理、工程消耗核销、材料核算和统计分析）。

（4）材料计划与采购料消耗额：材料消耗定额的概念、材料消耗定额的分类 、材料消耗的作用、材料消耗的应用。

（5）材料的计划管理

确立材料计划的概念：①应确立材料平衡的概念。②应确立指令性计划，指导性计划和市场调节相结合的观念。③应确立多渠道，多层次筹措和开发资源的观念。

（6）材料计划管理的任务：为实现企业经济目标做好物质准备；做好平衡协调工作；采取措施促进材料的合理使用；建立健全材料计划管理制度。

（7）材料计划的分类：

1）按材料在生产中的地位和作用分类；

2）按材料本身的自然属性分类；

3）按材料的管理权限分类；

4）按材料的使用方向分类。

5）按采购材料的重要程度分为重要材料（A类）、一般材料（B类）、辅助材料（C类）三类。

A. A类材料，即关键的少数材料。主要包括：钢材、木材、水泥、砂石、预拌混凝土、砌块、焊接材料、混凝土外加剂等。

B. B类材料，属一般性材料。主要包括：墙地砖、石材、涂料、电器开关、模板、电线电缆、配电箱、架管、扣件、安全防护用品、危险化学品等。

C. C类材料，属次要的多数材料。主要包括：五金、化工、日用杂品、工具、低值易耗品等。

6）按同一品种材料数量分为大宗材料和零星材料两类。

A. 大宗材料：指采购量大、单位价值高、占工程成本较大的材料，主要包括A类和部分B类材料。

B. 零星材料：指大宗材料以外的材料，主要包括C类和部分B类材料。

（8）材料计划的编制原则：政策性原则；实事求是的原则 ；积极可靠，留有余地的原则；保证重点，照顾一般的原则。

（9）材料计划的编制程序：计划需要量；确定实际需要量；编制材料申请计划；编制供应计划；编制供应措施计划。

（10）材料采购

1）材料采购原则分类。

2）材料采购工作内容。

3）材料采购计划实施中的几个问题。

4）材料采购遵循的原则：遵守国家和地方有关方针，政策，指令和规定；以需订购，按计划采购、坚持材料质量第一、降低采购成本，选择材料运输畅通方便的材料生产单位。

5）材料采购管理模式：分散采购的优点和缺点、材料采购管理模式的选择。

6）材料采购批量管理：按照商品流通环节最少的原则、按照运输方式选择经济批量，按照采购费用和保管支出最低的原则选择经济批量。

7）材料采购管理步骤

A. 要对行业和大环境相关的外部资料进行全面分析。总结出产品未来的发展趋势，价格趋势，以及产品是否有替代产品等，这是供方信息。

B. 要对企业内部的生产计划、战略规划、销售预测等进行分析，总结出企业在不同时期的不同原料的需求状况，这是购方信息。

C. 根据部门情况、供应商情况、资金情况等评定采购的能力。

D. 根据上面的三个情况汇总，制定具体的采购计划，做到从适当的供应商，在确保适当的品质下，于适当的时间，以适当的价格，获得适当数量的原料，从而达到保障生产供给，降低采购成本，减少库存耗费等目的。信息，是企业未来的重要核心竞争力之一，谁掌握了最及时最准确的信息，谁就能在市场上占得先机，获得优势。作为与市场结合最紧密的采购活动，信息更是采购人员的生命线。充分发挥信息的作用，为企业决胜未来提供重要的支撑。

（11）材料的仓储管理：

1）按仓库的分类。

2）仓库的管理工作和特点。

3）仓库管理在施工企业生产中的地位和作用。

4）仓库管理额度基本任务。

5）仓库规则：仓库位置的选择、材料仓库的合理布局、仓库面积的确定，仓储规则。

6）材料账务管理：①记账凭证；②记账程序。

7）仓库盘点：盘点方法、盘点中问题的处理。

8）仓库控制规模——ABC 分类。

9）仓库管理现代化。

（12）材料的运输管理：

1）材料运输管理的意义与作用；

2）材料运输管理的任务；

3）运输方式：以较短的里程、较低的费用、较短的时间、安全的措施、文明的装卸，完成材料在空间的转移。

4）经济合理化的组织运输。

（13）材料的现场管理

1）现场材料管理概念

A. 材料现场管理包括验收与试验、现场平面布置、库存管理以及使用中的管理等。施工所需各类材料，自进入施工现场保管及使用后，直至工程竣工余料清退出现场，均属于材料现场管理的范畴。

B. 现场材料员的配备应满足施工生产及管理工作正常运行的要求，从事材料现场管理工作的材料人员必须上报公司批准后聘用。

C. 项目部应根据施工项目特点制定项目材料消耗管理方案、班组领用料具管理办法和施工现场门卫制度；项目部应加强材料计划管理，预算部门及时准确提出需用计划，材料部门按照计划及施工进度，保证材料适时、适地、按质、按量、配套地供应，满足施工生产需要。

D. 项目部对材料消耗应采取限额领料、定额考核、节超奖罚、包干使用等切实可行的措施，促使合理使用材料，减少材料损耗，降低材料成本。

E. 材料验收是材料现场管理中的重要环节，项目部应严把材料验收关，保证入库材料质量合格、数量准确、资料齐全、手续清楚。

2）材料管理的原则和任务：全面规划、计划进场、严格验收、合理存放、妥善保管、控制颁发、监督使用、准确核算。

3）现场材料管理的内容：①收料前的准备；②收料验收的步骤；③几项主要材料的保管方法。

4）周转材料管理：①周转材料的概念；②周转材料的分类；③周转材料管理的内容；④周转材料管理的任务；⑤周转材料管理的方法。

（14）施工材料的入库验收、保管

1）进场材料必须严格按照供需双方在合同中约定的内容，按国家或地方（行业）验收规范进行质量、数量、环保、职业健康安全卫生等方面的标准验收和复验。

2）材料验收依据：材料计划、订货合同及合同约定条件；经双方确认封存的样品或样本；材质证明和抽样复验合格证明。

3）材料验收的方式方法：

A. 采购人员必须采购经评定合格的产品；

B. 验收人员必须按验收标准进行验收；

C. 总包单位、业主代表、监理单位、供应单位、使用单位必须联合把关，共同验收；使用人员必须按标准进行领料验收；

D. 材料验收应做好验收时间、场地、人员、资料、计量器具、装卸机械等准备工作；

E. 实物验收：凭证验收，查看所到货物与材料计划、采购合同约定条款一致；随货同行的材质证明等相关资料齐全，复印件须加盖供方印章，内容满足施工要求和管理需要。

4）对进库验收合格的材料均作出明显的标识，标识内容为：名称、型号规格、材质、材料编码等内容。对尚未验收或验收发现不合格的材料，及时注明“待验”或“不合格品”标识，并放入待验区域或不合格品区域。

5）对原材料在验收过程中发现疑问时（例：原材料色标不清、质量保证书中的数量与到货数量不符、原材料中发现有局部减薄现象），物供部门负责对原材料进行复测。

6）对有防水要求的材料，全部进库房保管或加盖油布、垫高，杜绝雨水侵入。

7）各类材料的质量证明文件、复试报告等资料，按文件管理要求有专人保管存档。材料到货情况、存放区域及时输入计算机。

（三）安全施工的内业资料管理

1. 安全施工的内业资料管理规定

（1）建设单位在申请施工许可证时应提供安全施工措施，具体包括针对工程的特点、周围环境、施工方法、劳动组织、机械设备、变配电设施、架设工具以及各项安全防护设施等制定的确保安全施工的措施。

（2）建设单位应提供有关安全生产文明施工条件、措施的资料，具体包括：

1）工程中标通知书。

2）工程施工合同。

3）施工现场总平面布置图。

4）临时设施规划方案和已搭建情况。

5）施工现场安全防护设施搭设计划。

6）施工进度计划。

7）安全生产费用计划。

8）建筑施工项目的安全防护、文明施工措施费专项存款凭证。

9）专业性较强的，达到一定规模的危险性较大的分部分项工程，建设单位需提供安全专项施工方案。

10）拟进入施工现场使用的建筑起重机械设备的生产厂家、型号、数量。

11）工程项目负责人、工程项目技术负责人、专职安全生产管理人员以及特种作业人员持证上岗情况。

12）建设单位安全监督人员名册、工程监理单位人员名册。

2. 安全施工的内业资料管理要素

（1）安全施工前期内业资料管理要素

1）安全资质的审查

建设单位必须对承包方的安全资质进行静态与动态相结合的审查。

A. 工程招投标期间须审查承包方的“一照三证”及近3年的安全施工记录；

B. 保证安全施工的机构与安全、防护设施及安全器具的配备情况；

C. 施工人员的安全素质；

D. 审查两级机构以上承包方管理机构的安全人员配备情况，并进行必要的安全施工管理制度的静态评审；

E. 在施工期间要分段进行动态复验。对复验不合格方发出黄牌警告，限期整改，当达不到要求时，可以终止合同，并按合同条款进行责任追究。

2）安全文明施工协议的签订

建设单位对发包工程进行安全管理和经济制约的重要手段就是签订安全协议。当投标单位中标后，建设单位应于承包方签订安全生产、文明施工协议，明确双方的责任和义务；明确发生事故后各自承担的责任和经济责任。

A. 安全风险抵押金协议的签订：明确安全风险抵押金的提取数量、安全责任违约类型和奖罚规定。

B. 安全生产、文明施工责任书的签订：明确第一责任人、明确要求承包方按要求建立、健全安全生产、文明施工管理体系；监理单位健全并完善安全职责与责任。

C. 制定安全生产、文明施工管理制度以及相应的奖惩措施制度；在编制工程概算时，落实各项安全防护、文明施工措施所需费用。

3）安全交底

建设单位在工程开工前应召开第一次工地现场安全交底会议，内容应包括：

A. 将本工程所执行的国家、地方、行业及建设单位有关文件要求和规定向总承包、监理单位作一次总交底；

B. 明确安全管理的目标、工作要求以及安全管理人员的资质与要求；

C. 介绍建设单位安全管理工作流程及具体的安全管理措施；

D. 对采用的施工现场安全管理统一规范的表示向总承包、监理单位进行书面交底。

4）办理相关手续

A. 办理建设工程施工许可证等相关证照，办理时需提供如：《建设用地规划许可证》；《建设工程规划许可证》；拆迁许可证或施工现场是否具备施工条件；中标通知书及建筑安装工程承包合同；施工图设计文件审查报告或批准书；施工组织设计、安全生产措施；工程质量监督、安全监督手续；建设单位资金保函或证明等资料。

B. 办理建筑工程一切保险及第三者责任险；督促、检查总承包单位缴纳意外人身伤害综合保险；督促施工总承包单位按合同约定缴付“安全风险抵押金”。

C. 协助总承包单位办理工程项目质量、安全监督手续；协助总承包单位开展形式多样的安全生产、文明施工的创建活动。

5）开工关的管控

A. 安全生产责任制。

督促总承包单位、监理单位必须按要求建立、健全施工现场安全生产保证体系，落实各级安全责任制，完善各项安全生产制度（包括奖惩制度和有针对性的安全性的安全技术交底制度）和操作规程，做到层层签约，落实各级安全责任。

B. 总承包、监理单位安全管理人员的数量与资格。

（A）总承包单位现场安全管理网络及“三类人员”（企业负责人、项目经理、专职安全生产管理人员）的资格、每年安全教育培训记录、持证上岗、人员配置情况（包括分包单位）。

（B）总承包、监理单位现场安全生产管理机构是否与投标相符合。

（C）特种工种持证上岗情况，岗位证书和身份证复印件是否一致，是否在有效期内，并建立人员的名册。

（D）监理单位专职安全监理人员资质、配备数量是否符合要求，总监理是否完成监理继续教育记录。

C. 审查施工组织设计、危险性较大的专项安全方案

（A）《专项施工方案》要符合审批流程，《专项施工方案》中要具有《安全技术措施》、《安全监控措施和应急预案》等内容，并附具《安全验算结果》。

（B）专项方案编制应当包括以下内容：

a. 工程概况：危险性较大的分部分项工程概况、施工平面布置、施工要求和技术保证条件等。

b. 编制依据：相关法律、法规、规范性文件，标准、规范及图纸（国标图集），施工组织设计等。

c. 施工计划：包括施工进度计划，材料与设备计划。

d. 施工工艺技术：技术参数、工艺流程、施工方法、检查验收等。

e. 施工安全保证措施：组织保障、技术措施、应急预案、监测监控等。

f. 劳动力计划、专职安全生产管理人员、特种作业人员等。

g. 计算书及相关图纸。

（C）施工组织设计和危险性较大专项施工方案必须由项目专业工程技术人员编制，项目主任工程师审核后报总承包单位（与各项目公司签订合同，具有法人资格的单位）技术、安全、生产等主管部门进行审核，经总承包企业总工程师批准后报现场项目专业监理工程师审核，由项目总监工程师签字同意后方可施工，施工组织设计和危险性较大专项施工方案未按规定程序审核、审批、签字的项目不得施工。

D. 组织专家对以下工程进行论证审查：

（A）基坑工程：开挖深度超过5m（含5m）或地下室三层以上（含三层），或深度虽未超过5m（含5m），但地质条件和周围环境及地下管线极其复杂的工程。

（B）地下暗挖工程：地下暗挖及遇有溶洞、暗河、瓦斯、岩爆、涌泥、断层等地质复杂的隧道工程。

（C）高大模板工程：水平混凝土构件模板支撑系统高度超过8m，或跨度超过18m，施工总荷载大于10kN/m^2，或集中线荷载大于15kN/m的模板支撑系统；30m及以上高空作业的工程；大江、大河中深水作业的工程；城市房屋拆除爆破和其他土石大爆破工程。

E. 施工现场安全生产保证体系的审查

（A）审查总承包单位的安全生产责任制，安全生产教育培训制度，安全生产规章制

度和各类安全操作规程，消防安全责任制度，安全施工技术交底制度，以及设备租赁、安装拆卸、运行维护保养、验收管理制度等。

(B) 审查总承包单位编制的安全保证计划和各类专项安全、文明施工中的安全技术措施。

(C) 审查各类突发事件紧急应急预案（预案必须要有针对性、有效性、可操作性，并在项目实施过程中不断演练和完善）具体内容有：明确责任人、事故报告程序、组织管理网络图、人员分工与职责；通信联络系统；应急救援系统。

F. 开工条件核验检查

核验：施工单位是否持有安全生产许可证；项目安全生产责任体系建立情况；是否按规定建立了安全生产协议书；施工现场安全生产管理制度建立情况；是否已按规定签订安全生产协议书；是否按规定编制了施工组织设计，专项方案是否有计划；安全文明施工措施费是否有支付计划或凭证；拟进入施工现场的机械设备情况及布置方案；施工现场“三通一平”、“施工标牌”等设置情况；施工现场围挡、大门、道路、临时设施等是否符合规定要求；是否针对性地制定了工程项目安全生产事故应急救援预案。

(A) 检查工地的安全防护设施、场容场貌、施工机械的配备情况以及食堂、宿舍、饮用水、厕所、围护和大门的设置及施工人员的劳动保护和作业环境等情况；

(B) 检查核验合格后方可开工，对检查不合格工地必须整改到位。

6) 安全劳动防护控制

A. 严格控制进货渠道，防止假冒伪劣产品流入施工现场，把好劳动防护用品安全设施、器材的质量关。不允许明示或暗示施工单位购买、租赁、使用不符合安全施工要求的安全防护用具、机械设备、施工机具及配件、消防设施和器材。

B. 检查总承包单位在施工现场的安全劳动防护用品是否按国家和行业法规和有关文件要求实施，所有劳动防护产品必须是政府主管部门及行业协会每年公告指定推荐合格产品（在施工企业主管部门每年制定的合格供应商名录中选取）。

7) 总承包单位安全交底制度的审查要素

A. 工程开工前，督促总承包单位项目经理向进场各分包单位以及全体施工人员进行安全生产总交底，内容包括机械设备、施工用电、防火防爆、高处作业、防汛防台、管线保护、环境保护、卫生防疫、季节性防疫、个人劳动保护用品使用、劳动者作息时间、职工的安全健康及对特殊工种人员管理等，并对上述工作提出具体的要求。

B. 据所能提供的相关地下管线资料在开工前会同总承包单位主动请工程周边相关管线主管部门配合、建立地下管线监护交底卡，摸清所有管线的种类、数量、埋深及走向，制订切实可行的保护措施，对管线复杂，较危险的区域，应向主管部门及权属单位提出申请，要求派员到现场实施监护、交接，确保不发生人身伤亡事故和产生涉及危害社会公众利益的管线事故。

C. 督促、检查项目技术负责人在分布分项工程施工作业前对专业分包技术负责人直至现场施工作业人员进行分部分项工程施工安全技术书面交底，应有交底、被交底双方人员签字，并归入项目安全生产保证体系管理台账。

D. 督促、检查总承包单位每天上岗前对现场一线施工人员进行安全技术交底和日常的教育培训制度，并要有书面记录和被交底人签字。如有虚假交底，伪造记录、签字等现象要进行批评并督促限时改正。

E. 督促建设项目总承包单位对进入施工现场的所有分包队伍及其人员建立“三级安全教育”制度，落实安全生产层层交底（项目公司 →监理单位→总承包单位→专业分包→作业班组→作业人员）。

8）专业分包队伍的审查

建设单位要对进场的专业分包单位的资质进行审查，检查内容有：

A. 专业分包单位的《营业执照》、《资质证书》和《安全生产许可证》等；检查企业名称、工程数量、拟分包工程合同额等栏目应填写齐全，并与资质证书中的承包类别、承包工程范围相符合。

B. 审查总承包单位对分包单位的选择应在企业每年颁布的合格分包方名录中选择，由于专业需要在名录中挑选的，必须对专业分包单位进行评价，并报上级公司主管部门批准后监理确认同意后方可录用。

9）控制工程安全技术措施费：

A. 在工程招标时，根据《建筑工程安全防护、文明施工措施费用及使用管理规定》，将工程的安全防护、文明施工及安全技术措施及相应的费用作为工程招标的一个内容列入招标文件中，让投标方在投标文件中明确安全技术措施及其相应的费用。在实际施工中只有实施了投标书中的承诺才能起到了预期的效果，经建设单位确认后才能支付相应的安全措施费。

B. 以上的方法与直接将“安措费”如数拨给承包方在转包及使用包工队伍或临时工时发生“以包代管”的现象，保证“安全措费”真正用在安全技术措施上。

10）进行必要的安全培训：建设单位要根据本系统工程施工的要求和工程的具体特点组织总承包主要管理人员进行针对性的安全培训。

3. 安全施工过程中的内业管理要素

（1）建设单位职责管理要素

1）建设单位要全面负责所属区域内的安全生产、文明施工作业，建立、健全安全生产领导责任制并实行严格的目标管理。明确安全生产、文明施工第一责任人，全面负责施工区域内的安全生产、文明施工管理工作，行使权利和义务，并承担相应的法律责任。

2）建设单位在实施安全管理过程中，对人、机、料、环境进行监管，审查监理单位对强制性标准、施工组织设计及《专项施工方案》中的安全技术措施的履行情况，发现的安全隐患及时要求总承包、监理单位进行整改。

3）定期或不定期地向工程行政主管部门汇报监督情况。以简报的形式向各承包方领导及被监督的施工队伍传递、交流安全监督情况。“表扬与批评”、“奖励与处罚”均要反应在简报上。使企业领导者、管理部门及时了解和掌握安全施工实际状况，从而进行必要的决策，同时对基层施工人员在施工过程中的不安全行为发出警示性信号，使其在安全施工和安全管理中起到信息交流、反馈、宣传和教育的作用。

（2）施工过程检查管理要素

1）现场建设单位管理代表职责的明确

A. 明确要求各现场业主代表必须认真执行国家有关安全生产法律、法规以及工程建设强制性标准。

B. 应依法履行建设工程安全生产管理职责，监督检查轨道交通工程建设安全生产、文明施工全过程管理，对工程建设安全生产负有管理责任。

2）监督总承包单位安全技术措施或文明施工措施费用投入：建设单位应督促、检查施工总承包单位安全设施、安全技术措施实施和落实文明施工措施费用的支付及使用情况。

3）监督总承包、监理单位人员到位情况

要严格按照住房和城乡建设部、市行政主管部门规定督促各参建单位设立施工现场安全管理机构，配备相应的专职安全管理人员，并对人员的到位情况进行登记、备案和监督。

A. 现场安全管理人员要求：安全管理人员必须经建设安全生产监督管理部门考核合格后方可从事安全管理工作，做到持证上岗，同时应熟悉安全生产方面的法律、法规、标准、规范及规定；现场各级负责人应按规定进行安全生产教育培训，经建设安全生产监督管理部门考核合格后方可，做到持证上岗，其教育培训情况纳入安全管理台账，培训考核不合格的人员，不得上岗。

B. 安全管理资源配置：

（A）施工现场安全保证体系、安全监理规划、方案应根据法律法规、标准规范及建设工程强制性条款、合同约定的安全管理要求，结合所属工程的特点及工程实际情况等在工程开工前与安保体系同步编制。

（B）项目管理机构现场必须备有安全生产、文明施工及环境保护等相关法律法规、规范标准以及相关文件资料；配备用于安全检查的相关工具、器械、检测用品，包括监理人员自身的安全防护用品；应配备电话、传真机、电脑，对深基坑、地下暗挖工程等高危险性施工作业还应配备运程监控系统的终端。

（C）施工监理日志应当及时记录每日工地安全动态情况，特别是在对施工过程危险源的监控方面，要有具体的识别和控制要求；对检查发现的问题和隐患及整改情况，制止并纠正违章违规等内容，进行及时记录。

（D）施工过程发现的各类安全隐患，按性质严重程度签发安全隐患整改通知单和工程停工令等，对有关责任单位要按“三定要求”进行整改。

（E）现场各级主要负责人、安全管理人员应保持通信畅通，并将联系方式公示，便于工作联系和应对现场各类突发事件的处置，各个总承包单位、监理单位每月按要求填报《安全管理工作月报》。

4）安全监理管理职责落实

A. 现场项目管理组应根据招投标文件、合同、安全协议书、上级单位和建设单位规定，签订各级安全责任书，要制订相应的经济制约制度。

B. 确定安全监理工作管理目标，确定项目监理机构组织结构及安全监理工作管理网络（包括安全生产、文明施工、环境保护）等。

5）加强现场安全检查监督。

A. 项目部要加强对现场施工承包商的监督检查。公司项目部和施工承包商应针对项目的具体实施情况，制定具体的检查标准，相关人员定期对现场进行检查。

B. 督促、检查总承包单位按照工程建设强制性标准、规范和施工组织设计及专项安全施工方案组织施工，制定违章、违规施工作业。

C. 督促、参与、组织各总承包单位进行安全生产、文明施工的宣传和教育培训工作，尤其是工人的教育培训，重点加强工人队伍的安全培训和劳动保护的工作，切实全面提高全员的安全生产意识，增强法制观念。

D. 督促总承包单位文明施工五个标准的执行情况（包括封闭施工、满足交通组织的需要、清洁运输、环境影响最小化、减少施工队周边的影响）。

E. 督促总承包单位执行有关环境保护法律、法规的落实情况，在施工现场采取措施，防止或者减少粉尘、废气、废水、固体废物、噪声、振动和施工照明对人和环境的危害污染。

F. 督促总承包单位要注意节假日前后及政府举办的重大活动前后的安全生产与文明施工；在防台、防汛期间，要注意台风预报，在台风来临之前，要加强值班，加强检查，落实好各类防台防汛的工具和器材；高温季节要注意工人的作业安排，采取相应的措施搞好防暑降温和食堂卫生，饮水卫生工作；冬季做好施工现场防冻保暖及防滑措施，防止各类意外事故的发生。

G. 施工现场应搞好安全管理工作，要加强安全生产氛围的建设工作，通过安全培训、安全月等形式进行常规性的安全教育，同时应发挥安全会议、黑板报、违章曝光栏及警示牌等的作用，强化宣传教育效果。

H. 建设单位应定期组织安全生产、文明施工检查、评比和考核，对严重违法违规的单位进行通报、批评，情节严重的按“安全责任违约类型”进行经济处理；每月以“安全管理工作月报”形式向上级领导汇报本月安全生产、文明施工情况。

I. 项目部通过定期检查、调查事件与伤害事故、定期开会评估安全绩效等方式审查施工承包商的安全绩效。

J. 安全检查内容包括安全管理和现场安全两部分。安全管理内容主要查：安全生产责任制、安全管理制度的执行情况和安全基础工作的开展情况；现场安全内容主要查：工艺、设备、储运、仪表、变配电、消防、工业卫生、工程施工等方面。

（A）按照“安全自查，隐患自改、责任自负”的原则加强对所属施工责任区的日常安全生产、文明施工检查，经常性组织对施工过程中的安全用电、机械安全、高处作业、防火防爆、深基坑作业、工人管理、特殊工种管理、脚手架安全管理、文明施工管理、季节性安全管理等进行检查，及时制止和处理各类违法、违规行为，对发现的安全隐患要按“三定”原则及时落实整改措施，对存在严重安全隐患的要暂停施工，消除隐患。

（B）检查是否有违章作业、违章指挥、违反劳动纪律的情况；安全生产制度执行情况；安全规程执行情况；有无冒险作业的情况；检查作业人员是否持证上岗。

（C）检查劳动保护用品穿戴情况、防护器材的保管和使用情况、岗位劳动纪律执行情况、安全性设备设施运行情况、电器设备是否符合相关安全要求。

（D）审查所有进场施工的施工设备、机具等进场报审手续，检查进场机械的型号、数量、规格、生产能力、各类安全装置是否齐全有效，是否在准用有效年限之内。

(E) 建设单位应对深基坑支护、降水、开挖、施工、大体积混凝土浇捣、模板支撑、塔式起重机、井架、升降机的安装拆卸、起重吊装和危险区域动火作业等专业性强、危险性大的施工专项施工方案中的安全措施、作业人员持证上岗、安全技术交底情况等进行审查；特种及高危险性作业前，建设单位应审核总承包单位报审程序是否符合，检查特种作业人员资格是否与现行国家规定相符合，现场是否落实监护人及配备必要的应急器材措施等。

(F) 检查各转动设备是否都有防护装置，各设备设施安全附件是否齐全、灵敏、可靠，厂房建筑有无不安全因素，平台楼梯、栏杆是否安全可靠等。

(G) 检查安全生产的责任心是否强，是否有忽视安全生产的思想和行为。

K. 建设单位应对现场各类施工机械、安全设施、临时用电、临时用房的搭设和拆除方案的审批情况进行核对审查，并对使用前的验收及过程节点进行监控。

L. 建设单位应对在安全施工中作业中有突出贡献或成绩显著的集体、个人应给予表彰和物质奖励；对有关人员发生的违法、违规行为和存在的问题以及在安全生产、文明施工等创优达标活动中不积极配合的应及时制止、教育，要求其限期整改，情节严重的按违约责任进行处理。

(四) 拆除项目的安全内业管理

1. 拆除项目的安全内业管理规定

(1) 建设单位应提供拆除工程施工组织设计以及专项施工方案，应全面了解拆除工程的图纸和资料，进行现场勘察。同时还应提供拟拆除建筑物、构筑物及可能危及毗邻建筑安全的情况说明。

(2) 编制的施工组织设计或安全专项施工方案，要经相关负责人签字批准后实施。拆除项目要严格按现行《建设工程安全生产管理条例》和现行标准《建筑拆除工程安全技术规范》JGJ 147—2004 等法律法规、规范标准进行。

(3) 拆除施工企业的技术人员、项目负责人、安全员及从事拆除施工的操作人员，必须经过行业主管部门指定的培训机构培训，并取得《拆除施工管理人员上岗证》或《建筑工人（拆除工）上岗证》后，方可上岗。

(4) 建设单位应提供堆放、清除废弃物的条件和措施。楼层内的施工垃圾，应采用封闭的垃圾道或垃圾袋运下，不得向下抛掷。

(5) 项目经理对拆除工程的安全生产措施负全面领导责任，项目经理部应按有关规定设专职安全员，检查落实各项安全技术措施。

(6) 建筑拆除工程必须由具备爆破或拆除专业承包资质的单位施工，严禁将工程非法转包，拆除工程的甲乙双方在签订施工合同时，应签订安全生产管理协议，明确双方的责任。

(7) 拆除工程必须制定生产安全事故应急救援预案，施工单位应为从事拆除作业的人员办理意外伤害保险。从事拆除作业的人员应戴好安全帽，高处作业系好安全带，进入危险区域应采取严格的防护。作业人员使用手持机具时，严禁超负荷或带故障运转。

(8) 拆除工程施工区域应设置硬质封闭围挡及醒目警示标志，围挡高度不低于 1.8m，非作业人员不得进入施工区。当临街的被拆除建筑与交通道路的安全跨度不能满足要求时，必须采取相应的安全隔离措施。

（9）根据拆除工程施工现场作业环境，应制定相应的消防措施。施工现场应设置消防车通道，配备足够的灭火器材，保证充足的消防水源，建立义务消防组织，明确责任人；施工现场应建立健全动火管理制度；拆除建筑时，当遇有易燃、易爆物及保温材料时，严禁明火作业。

（10）在恶劣的气候条件下，严禁进行拆除作业。

2. 拆除项目的安全内业管理要素

（1）拆除项目施工准备阶段

1）建设单位应将拆除工程发包给具有相应资质等级的施工单位。建设单位应在拆除工程开工前15日，将下列资料报送建设工程所在地的县级以上地方人民政府建设行政主管部门备案。

A. 施工单位资质登记证明；

B. 拟拆除建筑物、构筑物及可能危及毗邻建筑的说明；

C. 拆除施工组织方案或安全专项施工方案；

D. 堆放、清除废弃物的措施。

2）建设单位应向施工单位提供有关图纸和资料是指地上建筑及各类管线、地下构筑物及各类管线的详细图纸和资料，并对其准确性负责。建设单位应向施工单位提供下列资料：

A. 拆除工程的有关图纸和资料；

B. 拆除工程涉及区域的地上、地下建筑及设施分布情况资料。

3）拆除工程的建设单位与施工单位在签订施工合同时，应签订安全生产管理协议，明确双方的安全管理责任。建设单位、监理单位应对拆除工程施工安全负检查督促责任；施工单位应对拆除工程的安全技术管理负直接责任。

4）建设单位应负责做好影响拆除工程安全施工的各种管线的切断、迁移工作。当建筑外侧有架空线路或电缆线路时，应与有关部门取得联系，采取防护措施，确认安全后方可施工。当拆除工程对周围相邻建筑安全可能产生危险时，必须采取相应保护措施，对建筑内的人员进行撤离安置。

5）在拆除作业前，施工单位应检查建筑内各类管线情况，确认全部切断后方可施工。如在拆除工程作业中，发现不明物体，应停止施工，采取相应的应急措施，保护现场，及时向有关部门报告。

（2）拆除项目施工组织设计编制

施工组织设计是指导拆除工程施工准备和施工全过程的技术文件。必须由负责该项拆除工程的技术领导、组织有关技术、生产、职业健康安全、材料、机械、劳资、保卫等部门人员讨论编制，报上级主管部门审批。

1）施工组织设计编制的原则：

A. 从实际出发，在确保人身和财产经济、合理、扰民小的拆除方案，进行科学组织，以实现安全、经济、速度快、扰民小的目标。

B. 在施工过程中，如必须改变施工方法、调整施工顺序，必须先修改、补充施工组织设计，并以书面形式将修改、补充意见通知施工部门。

2）施工组织设计编织依据：

A. 被拆除建筑物的竣工图（内容包括结构、建筑、水电设施、管线）。

B. 施工现场勘察得来的资料和信息。

C. 拆除工程（包括爆破拆除）有关施工验收规范、职业健康安全技术规范、职业健康安全操作规程和国家、地方有关职业健康安全技术规范。

D. 与甲方签订的经济合同（包括进度和经济要求）。

E. 国家和地方有关爆破工程职业健康安全保卫的规定。

F. 本单位的技术装备条件。

3）施工组织设计编制的内容

A. 工程概况

被爆破与拆除的建筑的结构及其周围环境的介绍，要着重介绍被拆除建筑物的结构类型，结构各部分构件的受力情况，并附简图。

介绍填充墙、隔断墙、装修做法，水、电、暖气、燃气设备情况，周围房屋、道路、管线等情况。所介绍的情况必须是现在的实际情况，并用平面图表示。

B. 施工准备工作计划

施工准备工作计划包括技术组织、现场组织、设备器材、劳动力等计划落实到人，同时，把领导组织机构名单和分工情况明确列出。

C. 拆除方法

根据实际情况和甲方的要求，详细叙述拆除方法的全面内容，采用控制爆破拆除，要详细说明爆破与起爆方法。职业健康安全距离、警戒范围、保护方法、破坏情况、倒塌方向与范围，以及职业健康安全技术措施。

D. 施工布置和进度计划。

E. 劳动组织：要把各工种人员的分工及组织进行周密的安排。

F. 机械、设备、工具和材料计划清单。

G. 施工总平面图：施工总平面图是施工现场各项安排的依据，也是施工准备工作的依据。施工平面图应包括下列内容：

（A）被拆除与爆破建筑物和周围建筑、地上与地下的各种管线；

（B）起重吊装设备的开行路线和运输道路；

（C）爆破材料及其他危险品临时库房的位置、尺寸和做法；

（D）各种机械、设备、材料以及拆除后的建筑材料、垃圾堆设的位置；

（E）被拆除建筑物的倾倒方向、范围，警戒区的范围等应标明位置和尺寸；

（F）标明施工中的水、电、办公、安全设施、消火栓平面位置及尺寸。

（3）拆除项目安全技术管理

1）拆除工程开工前，应根据工程特点、构造情况、工程量等编制施工组织设计或安全专项施工方案，应经技术负责人和总监理工程师签字批准后实施。施工过程中，如需变更，应经原审批人批准，方可实施。如：爆破拆除和被拆除建筑面积大于 1000m^2 的拆除工程，应编制安全施工组织设计；被拆除建筑面积小于 1000m^2 的拆除工程，应编制安全施工方案。

2）遇有风力在六级以上、大雾天、雷（暴）雨、冰雪天等恶劣气候影响施工安全时，禁止进行露天拆除作业。

3）当日拆除施工结束后，所有机械设备应远离被拆除建筑。施工期间的临时设施，应与被拆除建筑保持安全距离。

4）从业人员应办理相关手续，签订劳动合同，进行安全培训，考试合格后方可上岗作业。

5）拆除工程施工前，必须对施工作业人员进行书面安全技术交底。

6）拆除工程施工必须建立安全技术档案，并应包括下列内容：

A. 拆除工程施工合同及安全管理协议书；

B. 拆除工程安全施工组织设计或安全专项施工方案；

C. 安全技术交底；

D. 脚手架及安全防护设施检查验收记录；

E. 劳务用工合同及安全管理协议书；

F. 机械租赁合同及安全管理协议书。

7）施工现场临时用电必须按照国家现行标准《施工现场临时用电安全技术规范》JGJ 46 的有关规定执行。

8）拆除工程施工过程中，当发生重大险情或生产安全事故时，应及时启动应急预案排除险情、组织抢救、保护事故现场，并向有关部门报告。

（4）拆除项目文明施工管理

1）拆除施工时，配备足够的安全管理人员和技术人员，随时对现场的技术、安全工作进行监督和指导工作。并且对施工人员配备好安全帽、防护镜、防护服等安全防护用品。

2）拆除工程大多采用性能好、噪声低、振动小的机具及设备。不破坏任何主体结构及其他保留物；运输车辆在场区及居民区行驶速度控制在 5km/小时内，禁止鸣笛、轰油门；人员在施工其他场所或经过时，禁止大声喧哗；对噪声较大的机械设备要搭隔声棚。

3）装卸物品时轻拿轻放，采取向被拆除的部位洒水和袋装拆除垃圾，以及对清运垃圾的车辆进行严密的覆盖，对进出场的车辆进行冲洗等措施控制扬尘污染。

4）拆除作业时，一律由上而下拆除，禁止整堵墙面或大块从高处倒塌，绝对禁止从建筑物下方掏空使建筑物整体倒塌。

5）施管人员进场前进行全员安全防火教育培训，建立逐级防火责任制，对消防工作搞得好，成绩显著者，给予表扬奖励，对不按防火职责办事或违反者，要按情况和造成的后果轻重，给予处分或处罚，触犯刑律的更要依法追究刑事责任。

6）封闭施工现场的同时，要留足够的消防通道。完善配备消防设施和灭火器材，根据甲方提供的水源，配备消防带及灭火器，包括二氧化碳灭火器、泡沫灭火器、干粉灭火器。

7）建立安全防火领导小组，项目经理任组长，专职安全员任副组长，各施工队队长任组员。成立义务消防队。对施工现场内重点部位进行登记，制订灭火作战方案，并不少于两次的进行演练。

8）义务消防员要达到“二知三会三能”（知防火知识，知灭火知识；会报火警，会疏散自救，会协助救援；能检查出问题，能宣传防火常识，能扑救初起小火）。

9）要组织相关人员经常检查、指导、宣传防火知识和通报检查结果，发现隐患及时处理，发现事故苗头采取措施，发现火灾及时报告。

10）进场后，对施工区域内的易燃物，如棉纱、旧布、油污品、树叶进行清扫，装袋运出现场，到指定消纳场进行妥善处理。

11）拆除木质结构和带有油污物品时严禁动明火，并对所拆除的物品及时清运出场。

12）严格用电管理，严禁私搭乱接，接临时用电必须经甲方同意，并按规范安装电器及照明设施，绝对不允许用电取暖、做饭等非生产用电。用电气焊等明火作业，须对周围易燃物进行清理，经检查合格后报甲方同意方可实施。

13）如有情况应及时上报，以免耽误救火时机。必要时拨打火警119。

（5）各项拆除作业安全施工管理

1）人工拆除

A. 人工拆除是指人工采用非动力性工具进行的作业。采用手动工具进行人工拆除的建筑一般为砖木结构，高度不超过6m（2层），面积不大于1000m^2。

B. 人工拆除施工应从上至下、逐层拆除分段进行，不得垂直交叉作业。拆除过程中形成的孔洞应封闭。分层拆除时，作业人员应在脚手架或稳固的结构上操作，被拆除的构件应有安全的放置场所。

C. 拆除施工程序应从上至下，按板、非承重墙、梁、承重墙、柱顺序依次进行或依照先非承重结构后承重结构的原则进行拆除。

D. 人工拆除建筑墙体时，不得采用掏掘或推倒的方法。楼板上严禁多人聚集或堆放材料。拆除建筑的栏杆、楼梯、楼板等构件，应与建筑结构整体拆除进度相配合，不得先行拆除。建筑的承重梁、柱应在其所承载的全部构件拆除后，再进行拆除。

E. 拆除梁或悬挑梁构件时，应采取有效的下落控制措施，方可切断两端的支撑；拆除柱子时，应沿柱子底部剔凿出钢筋，使用手动倒链定向牵引，再采用气焊切割柱子的三面钢筋，保留牵引方向正面的钢筋。

F. 拆除原用于有毒有害、可燃气体的管道及容器时，必须查清其残留物的种类、化学性质，采取相应措施后，方可进行拆除施工，达到确保拆除施工人员安全的目的。施工垃圾严禁向下抛掷，确保施工人员的人身安全。

2）机械拆除

A. 机械拆除是指以机械为主、人工为辅相配合的拆除施工方法。采用机械拆除的建筑一般为砖混结构，高度不超过20m（6层），面积不大于5000m^2。

B. 当采用机械拆除建筑时，应从上至下、逐层、逐段进行；应先拆除非承重结构，再拆除承重结构。对只进行部分拆除的建筑，必须先将保留部分加固，再进行分离拆除；拆除框架结构建筑，必须按楼板、次梁、主梁、柱子的顺序进行施工。

C. 在施工过程中必须由专门人员负责随时监测被拆除建筑的结构状态，并应做好记录。当发现有不稳定状态的趋势时，必须停止作业，采取有效措施，消除隐患，确保施工安全。人、机不可立体交叉作业，机械作业时，在其回旋半径内不得有人工作业。

D. 机械拆除建筑时，严禁机械超载作业或任意扩大机械使用范围。供机械设备（包括液压剪、液压锤等）使用的场地稳固并保证足够的承载力，保证机械设备有不发生塌陷、倾覆的工作面。作业中机械设备不得同时做回转、行走两个动作。机械不得带故障运转。

E. 机械严禁在有地下管线处作业，如果一定要作业，必须在地面垫 2～3m 的整块钢板或走道板，以保护地下管线安全。

F. 当进行高处拆除作业时，对较大尺寸的构件或沉重的材料（楼板、屋架、梁、柱、混凝土构件等），必须采用起重机具及时吊下。拆卸下来的各种材料应及时清理，分类堆放在指定场所，严禁向下抛掷。

G. 采用双机抬吊作业时，每台起重机载荷不得超过允许载荷的 80%，且应对第一吊进行试吊作业，施工中必须保持两台起重机同步作业。

H. 拆除吊装作业的起重机司机，必须严格执行操作规程和“十不吊”原则。即：被吊物重量超过机械性能允许范围，指挥信号不清，被吊物下方有人，被吊物上站人，埋在地下的被吊物，斜拉、斜牵的被吊物，散物捆绑不牢的被吊物，立式构件不用卡环的被吊物，零碎物无容器的被吊物；重量不明的被吊物不准起吊。信号指挥人员必须按照现行国家标准《起重吊运指挥信号》GB 5082 的规定作业。

I. 拆除钢屋架时，必须采用绳索将其拴牢，待起重机吊稳后，方可进行气焊切割作业。吊运过程中，应采用辅助措施使被吊物处于稳定状态；拆除桥梁时应先拆除桥面的附属设施及挂件、护栏等。

J. 作业人员使用机具（包括风镐、液压锯、水钻、冲击钻等）时，严禁超负荷使用或带故障运转。

3）爆破拆除

A. 爆破拆除工程应根据周围环境条件、拆除对象、建筑类别、爆破规模，按照现行国家标准《爆破安全规程》GB 6722 将工程分为 A、B、C 三级，并采取相应的职业健康安全技术措施。不同级别的爆破拆除工程有相应的设计施工难度，爆破拆除工程设计必须按级别经当地有关部门审核，做出安全评估和审查批准后方可实施。

B. 从事爆破拆除工程的施工单位，必须持有所在地有关部门核发的《爆炸物品使用许可证》，承担相应等级或低于企业级别的爆破拆除工程。爆破拆除设计人员应具有承担爆破拆除作业范围和相应级别的爆破工程技术人员作业证。从事爆破拆除施工作业人员应持证上岗。

C. 爆破器材必须向工程所在地法定部门申请《爆炸物品购买许可证》，到指定的供应点购买。爆破器材不允许赠送、转让、转卖、转借。

D. 爆破器材的临时保管地点，必须经当地法定部门批准。严禁同室保管与爆破器材无关的物品。运输爆破器材时，必须向工程所在地法定部门申请领取《爆炸物品运输许可证》，派专职押运员押送，按照规定路线运输。

E. 爆破拆除的预拆除是指爆破实施前有必要进行部分拆除的施工。爆破拆除的预拆除施工应确保建筑安全和稳定。预拆除施工可采用机械和人工方法拆除非承重的墙体或不影响结构稳定的构件。

F. 爆破拆除施工必须在确保周围建筑物、构筑物、管线、设备仪器和人身安全的前提下进行。

G. 对烟囱、水塔类构筑物采用定向爆破拆除工程时，爆破拆除设计应控制建筑物倒塌时的触地振动。必要时应在倒塌范围铺设缓冲材料或开挖防振沟。

H. 爆破拆除施工时，应对爆破部位进行覆盖和遮挡防护，覆盖材料和遮挡设施应选用不易抛散和折断，并能防止碎块穿透的材料，固定方便、牢固可靠。

I. 建筑基础爆破拆除时，应限制一次同时使用的药量。装药前，应对爆破器材进行性能检测。试验爆破和起爆网络模拟试验应在安全场所进行。为保护临近建筑和设施的安全，爆破震动强度应符合现行国家标准《爆破安全规程》GB 6722 的有关规定。

J. 爆破拆除应采用电力起爆网路和非电导爆网络。电力起爆网路的电阻和起爆电源功率，应满足设计要求。

K. 非电导爆管起爆应采用复式交叉封闭网络。爆破拆除不得采用导爆索网络或导火索起爆方法。

L. 为保证地面爆点附近建筑物和地下构筑物的安全，可以分散爆点，并且分段延时起爆、隔离起爆以减少振动。装药前，应对爆破器材进行性能检测。试验爆破和起爆网络模拟试验应在安全场所进行。

M. 爆破拆除工程的实施应在工程所在地有关部门领导下成立爆破指挥部，应按照施工组织设计确定的职业健康安全距离设置警戒。

N. 爆破拆除作业是爆破技术在建筑工程施工中的具体应用，爆破作业也是一项特种施工方法，爆破拆除工程的设计和施工，必须按照现行国家标准《爆破安全规程》GB 6722 的规定执行。

4）静力破碎

A. 进行建筑基础或局部块体拆除时，宜采用静力破碎的方法（静力破碎是使用静力破碎剂和化学反应体积膨胀对约束体的静压产生的破坏做功）。

B. 静力破碎剂是弱碱性混合物，人体一旦接触到，应立即使用清水清洗受侵蚀部位的皮肤。

C. 采用具有腐蚀性的静力破碎剂作业时，灌浆人员必须戴防护手套和防护眼镜。孔内注入破碎剂后，作业人员应保持职业健康安全距离，严禁在注孔区域行走。

D. 在相邻的两孔之间，严禁钻孔与注入破碎剂同步进行施工。静力破碎剂严禁与其他材料混放，必须单独放置在防潮、防雨的库房内保存，放置遇水后发生化学反应，导致材料膨胀、失效。

E. 静力破碎时，若发生异常情况，必须停止作业。查清原因并采取相应措施确保安全后，方可继续施工。

5）安全防护管理

A. 要求施工单位必须依据拆除工程职业健康安全施工组织设计或职业健康安全专项施工方案，在拆除施工现场划定危险区域，并设置警戒线和相关健康安全标志，应派专人监管。

B. 拆除施工采用的脚手架、安全网必须由专业人员搭设。由项目经理（工地负责人）组织技术、安全部门的有关人员验收合格后，方可投入使用。水平作业时，操作人员应保持职业健康安全距离。

C. 安全防护设施验收时，应按类别逐项检查，并应有验收记录。

D. 拆除施工严禁立体交叉作业。作业人员必须配备相应的安全帽、安全带、防护眼镜、防护手套、防护工作服等，并正确使用。

E. 要求施工单位必须落实防火责任制，建立义务消防组织，明确责任人，负责施工现场的日常防火管理工作。

二、监理单位安全内业管理

（一）监理单位安全内业管理职责

1. 监理单位安全内业管理职责规定

（1）监理单位应该负责施工现场安全内业的管理工作。

（2）监理单位必须对工程施工现场安全资料的形成、积累、组卷进行监督、检查。

（3）监理单位应对施工单位报送的施工现场安全资料进行审核，并予以签认，同时保留相关安全内业资料。

（4）监理单位应负责对危险性较大的分部分项工程专项施工方案、开（复）工安全生产条件进行审查，对施工过程安全监理的有关资料予以备案。

（5）监理单位应负责对机械设备、设施、安全防护用品、用具、材料进场的安全验收相关资料进行备案，监理单位应当按照法律、法规和工程建设强制性标准进行监理，对工程安全生产承担监理责任。

2. 监理单位安全内业管理职责要素

（1）监理单位职责

1）工程监理单位应当依照法律、法规以及有关技术标准、建设工程监理规范、设计文件和建设工程承包合同，代表建设单位对施工质量实施监理，针对施工特点做好工程项目的安全文明策划与施工监理控制工作，确保工程安全控制目标的实现。在监理工程项目的同时，负责监理安全施工和文明施工工作，并对施工质量承担监理责任。

2）监理单位应依据监理合同配备监理人员进驻施工现场和需要的检测设备和工具；工程使用或者安装建筑材料、建筑物配件、设备必须得到监理工程师的签字认可，单位工程的验收、隐蔽工程的验收、工程款的支付及竣工验收须得到监理工程师的签字认可。

3）监理工程师应当按照工程监理规范，采取旁站、巡视和平行检验等形式，实施监理。

4）监理单位负责在工程监理期间所发生的一切安全事故，如因监理单位原因造成的安全事故由监理单位自行负责。

5）监理单位应对项目监理机构的工作进行考核，指导项目监理机构有效地开展监理工作。项目监理机构应在完成监理合同约定的监理工作后撤离现场。

6）工程监理单位与承包单位串通，为承包单位谋取非法利益，给建设单位造成损失的，应当与承包单位承担连带赔偿责任。

7）监理单位不按照委托监理合同的约定履行监理义务，对应当监督检查的项目不检查或者不按照规定检查，给建设单位造成损失的，应当承担相应的赔偿责任。

8）监理机构必须遵守国家有关的法律、法规及技术标准；全面履行监理合同，控制本工程质量、造价和进度，管理建设工程相关合同，协调工程建设有关各方关系；做好各类监理资料的管理工作，监理工作结束后，向本监理单位或相关部门提交完整的监理档案资料。

9）在合同期内或合同终止后，未征得有关方同意，不得泄露与本工程、本合同业务有关的保密资料。

10）总监理工程师安全监理职责：

A. 全面负责项目监理机构的日常工作组织项目监理机构，落实安全监理责任制。确立项目监理机构安全监理岗位设置，书面明确各岗位监理人员的安全监理职责。

B. 组织监理人员对施工现场进行定期和专项安全检查，按《建筑施工安全检查标准》实施检查评分，对存在安全隐患作出处理，督促施工单位及时消除安全生产隐患，并做好复查和记录。组织核准施工单位安全质量标准化达标工地考核评分。

C. 抓好安全监理的教育和培训，建立健全安全监理专项监理制度。在健全审查核验制度、检查验收制度和督促整改制度基础上，完善工地例会制度及资料归档制度。定期召开工地例会，针对薄弱环节，提出整改意见，并督促落实；主持安全监理交底会，签发项目监理机构安全监理的文件和指令。定期检查项目监理机构安全监理工作制度落实情况。

D. 签发工程开工或者复工报审表、工程暂停令、工程款支付证书和工程竣工报验单等。

E. 审查施工单位提交的施工组织设计、技术方案和进度计划等；审查和处理工程变更；审查施工分包单位资质。

F. 调解建设单位与施工单位的合同争议、处理索赔和审批工程延期。

G. 主持监理工作会议，签发项目监理机构的文件和指令，主持或参与工程质量事故的调查；主持整理工程项目监理资料；主持编制安全监理规划、《安全生产文明施工监理专项方案》等，审批《安全监理实施细则》、《旁站监理工作方案》、《高危作业专项安全监理方案》等，督促检查监理人员对关键部位、关键工序和容易发生安全事故的环节实施旁站监理。

H. 审核签认分部及单位工程质量检验资料、审查竣工申请、组织竣工预验收并参加竣工验收；审核签署施工单位的申请、支付证书和竣工结算。

I. 组织编写并签发监理月报、监理工作阶段报告、专题报告、工程质量评估报告和监理工作总结。

J. 当发现重大施工质量和安全问题时，应协同有关方面采取相应措施予以处理，并按有关规定及时报告建设单位和建设行政主管部门。

K. 签发工程暂停令、复工令，并同时报告建设单位。

L. 对政府安全主管部门或安全监督站等部门发出的安全隐患整改通知书，督促施工单位按要求完成整改，并在规定时限内把落实整改复查情况反馈给相关部门，发现不作为现象应立即要求项目经理、安全主任或安全监理人员迅速改正或采取补救措施。

11）专业监理工程师应履行下列主要职责：

A. 在总监理工程师指导下，巡视检查施工现场，负责编制相应专业的监理实施细则。

B. 组织、指导、检查和监督本专业监理员工作。

C. 审查施工单位提交涉及本专业的施工组织计划、方案和申请，并向总监理工程师提出审查报告。

D. 负责本专业分项工程及隐蔽工程的检查和验收。

E. 定期向总监理工程师报告监理工作实施情况。

F. 根据有关规定进行平行检验。

G. 负责本专业的工程计量工作，审核工程计量的数据和原始凭证；负责相应监理资料的收集、汇总及整理，参与编写监理月报。同时要根据本专业监理工作实施情况做好监理日志。

H. 对关键部位或者关键工序安排旁站监理，检查督促旁站监理工作，当发现施工质量和安全问题时，必须采取相应措施予以处理，并及时报告总监理工程师。

12）监理员应履行下列主要职责：

A. 审查施工单位安全技术交底情况和施工单位开工准备情况。检查专职安全生产管理人员的到岗和工作情况。

B. 在专业监理工程师指导下进行质量监督、检测和计量等具体监理工作，同时负责项目监理机构日常安全监理工作的实施。

C. 核查并记录进场材料、设备、构配件的原始凭证、检测报告等质量证明文件，以及施工人员的使用情况。

D. 签认工程质量检查和工程计量原始凭证。

E. 负责旁站监理工作，做好旁站监理记录。

对高危施工作业（装拆钢井架、塔吊、脚手架、高支模，洞口临边防护，高处作业、设备及管道吊装作业等）进行重点巡检或旁站，符合规定时，才准许施工；督促总承包及专业施工单位认真做好对高危施工作业现场安全管理，确保施工方安全专职管理人员到现场指挥方许动工，做好现场监理旁站工作并及时填写《旁站监理记录》。

F. 当发现重大施工质量和安全问题时，及时报告总监理工程师。

（A）每天不少于 2 次对施工现场进行安全巡视，对施工单位的违章指挥、违章作业行为及时进行制止；

（B）发现安全事故隐患及时报告总监理工程师或项目负责人，经同意后向施工单位发出整改或暂时停止施工通知，督促施工单位限期整改；施工单位拒不整改或者不停止施工的，应当及时向工程安全监督机构及有关主管部门报告；

（C）对建设行政主管部门或质监、安监的停工整改决定，督促施工单位落实整改并反馈情况。

G. 参与编制安全监理规划和危险性较大分部分项工程安全监理实施细则。

H. 负责审查施工单位的资质证书、安全生产许可证、三类人员证书、特种作业人员操作证、平安卡等，检查施工单位工程项目安全生产规章制度、安全管理机构的建立情况，参与审查施工组织设计中的安全技术措施、专项施工方案和应急救援预案。

I. 收集整理相关监理资料，做好监理日志和有关监理记录。

（2）职责实施

1）编制安全生产监理计划，明确安全生产监督管理工作范围、目标、内容、工作程序和制度措施，以及人员组织和职责。

2）对危险性较大的分部分项工程编制安全监理实施细则，明确安全生产监督管理中的特点、方法和措施、控制要点和目标，并制定对施工单位安全技术、措施的检查方案。

3）审核施工单位编制的施工组织设计的安全技术措施和危险性较大的分部分项工程安全专项施工方案是否符合安全生产强制性标准要求并签署意见；审核施工单位安全生产许可证以及施工单位项目负责人和专职安全生产管理人员安全考核合格证书。

4）审核特种作业人员的特种作业操作资格证书，审核施工单位应急预案和安全生产费用使用计划。

5）对施工过程中危险性较大的分部分项施工进行旁站监理和定期巡视检查。

6）参与或主持施工机械和安全设施的验收工作，并签署意见。

7）检查施工单位安全生产保证体系、安全生产规章制度的建立、健全情况；检查施工现场各种安全标志和安全网架设、临时用电等安全防护措施是否符合有关工程技术安全保障规范要求。

8）监督施工单位按照施工组织设计中的安全技术措施和安全专项施工方案组织施工，及时制止违规施工作业；督促施工单位进行安全自查工作，并对施工单位自查情况进行抽查，独立组织和参加业主组织的安全生产检查。

9）发现存在安全隐患的，书面通知施工单位，并督促其立刻整改，必要时，可下达施工暂停指令，要求施工单位停工整改，并同时报告业主驻地业主代表。安全事故隐患消除后，应检查整改结果，提出复查或复工意见。

10）填报安全监理日志和监理月报。

（二）监理单位安全内业管理内容

1. 监理单位安全内业管理内容规定

（1）监理单位应提供监理合同，明确监理合同中安全监理工作内容。

（2）监理单位应当按照法律、法规和工程建设强制性标准及监理委托合同实施监理，对所监理工程的施工安全生产进行监督检查。

（3）监理单位的监理规划应包括具体的安全监理方案。

1）安全监理方案的编制应由总监理工程师具体负责，专职（兼职）安全监理人员和专业监理工程师参加。安全监理方案由监理单位技术负责人审批后实施。

2）安全监理方案应该根据国家现行的法律法规的要求、建设施工项目的特点以及施工现场的具体情况，确定项目安全监理工作的目标、制度、管理重点、具体措施，以及项目监理机构各个成员对施工现场的安全管理职责。同时应给出为危险性较大的分部分项工程编制安全监理实施细则的具体施工阶段和施工部位。

（4）监理单位应保留以下证件的复印件：施工单位安全生产许可证、分包单位安全生产许可证、生产管理人员的岗位证书、安全生产考核合格证书、特种作业人员岗位证书及审核资料。

（5）对于危险性较大的分部分项工程，监理单位必须编制安全监理实施细则。

1）安全监理实施细则应针对施工单位编制的安全专项施工方案和现场实际情况，依据安全监理方案提出的专项工程的安全监理目标和工作重点，明确监理人员的分工和职责、安全监理工作的方法和手段、安全监理检查重点、检查频率和检查记录的要求。

2）安全监理实施细则的编制应由总监理工程师主持，专职（兼职）安全监理人员和专业监理工程师负责实施细则的编制工作。安全监理实施细则由监理单位技术负责人审批后实施。

（6）监理单位应保留施工单位的安全生产责任制、安全管理规章制度的复印件及审核资料。

（7）监理单位应保留施工单位工程项目的施工组织设计和安全专项施工组织设计及工程项目应急救援预案的复印件及其审核资料。

（8）监理单位对安全事故隐患、安全生产定期检查情况提供详细的报告，形成处理意见等有关文件；监理单位应做好项目安全监理专题会议的会议记录，并保留会议纪要文件。

2. 监理单位安全内业管理内容

（1）招投标阶段的安全监理内容

招标阶段的安全监理是指监理单位受工程建设单位委托实施安全监理，主要做好审查施工单位的安全资质和协助拟定安全生产协议书。主要工作内容如下：

1）组建项目监理机构

A. 项目监理机构总监理工程师由公司负责人任命并书面授权。

B. 项目监理机构由总监理工程师、总监理工程师代表（必要时）、专业监理工程师、监理员及其他辅助人员组成。

C. 项目监理机构人员组成、职责与分工应于委托监理合同签订在约定时间内书面通知建设单位。

D. 总监理工程师在项目建立过程中应保持稳定，必须调整时，应征得建设单位同意。

E. 项目监理机构内部的职务分工应明确职责，可由项目监理机构成员兼任，所有从事现场安全监理工作的人员必须通过正式安全监理培训并持证上岗。

2）施工承包单位的资格核查

施工承包单位资格的核查主要包括：施工承包单位的建筑资质、安全生产许可证、营业执照、企业业绩和企业内部管理等。

3）协助拟定安全生产协议书：保证安全生产协议书必须主体合法、内容合法、形式合法、程序合法。

4）协助执行安全抵押金制度（安全抵押金是指由工程承包或分包方向发包方提供一定数量的现金），作为接受发包方安全管理和履行安全生产协议书的担保。

A. 检查安全生产协议书中是否有安全抵押金的具体条款或另有专门协议书；

B. 检查是否按主管部门的规定提取必要的费用；

C. 将现场监理情况，及时、准确地告知建设单位，为执行安全抵押金提供依据。

5）加强分包单位的安全监理工作

A. 协助审查分包单位的安全资质，加强对分包单位的现场安全监督，督促执行有关安全生产的规章制度。

B. 检查分包单位是否向总承包单位缴纳必要的安全抵押金。

C. 未经建设单位（业主）和安全监理同意，承包单位不得擅自分包，否则承担由此引起的全部法律和经济责任。

(2) 监理单位施工准备阶段安全内业管理内容

施工准备阶段的安全监理是指在各工程对象正式施工活动开始前，对各项准备工作及影响施工生产的各因素进行监督管理，也是确保建设工程施工安全的先决条件。

1) 监理单位应根据《建设工程安全生产管理条例》的规定，按照现行标准《建设工程监理规范》GB/T 50319 和相关行业监理规范的要求，编制包括安全监理内容的项目监理规划，明确安全监理的范围、内容、工作程序和制度措施，以及人员配备计划和职责等。

2) 对中型及以上项目和危险性较大的分部分项工程，监理单位应当编制监理实施细则。实施细则应当明确安全监理的方法、措施和控制要点，以及对施工单位安全技术措施的检查方案。

3) 检查施工单位在工程项目上的安全生产规章制度和安全监管机构的建立、健全及专职安全生产管理人员配备情况，督促施工单位检查各分包单位的安全生产规章制度的建立情况。

4) 审查施工单位资质和安全生产许可证是否合法有效；审查项目经理和专职安全生产管理人员是否具备合法资格，是否与投标文件相一致。

5) 审查施工组织设计安全技术措施与专项安全施工方案，审查施工单位编制的施工组织设计中的安全技术措施和危险性较大的分部分项工程安全专项施工方案是否符合工程建设强制性标准要求，审查施工方案是否可行、安全、可靠。审查的主要内容应当包括：

A. 施工组织设计要根据工程特点、施工方法、劳动组织、作业环境、新技术、新工艺、新材料等情况，在防护、技术管理上制订针对性的安全措施，是否符合工程建设强制性标准。

B. 施工单位编制的地下管线保护措施方案是否符合强制性标准要求。

C. 基坑支护与降水、土方开挖与边坡防护、模板、起重吊装、脚手架、拆除、爆破等分部分项工程的专项施工方案是否符合强制性标准要求。

D. 施工组织设计、专项安全施工方案必须由专业技术人员编制，经企业技术负责人审查批准、签名、加盖公章，并经项目监理部审核，由项目总监理工程师签字后方可实施。施工现场临时用电施工组织设计或者安全用电技术措施和电气防火措施是否符合强制性标准要求。

E. 审查施工单位在施工作业书中对各分部（分项）工程、各工种及其他安全技术交底纪录。

(A) 安全技术交底必须与下达施工任务同时进行，固定作业场所的工种可定期交底，非固定作业场所的工种可按每一分部（分项）工程或定期进行交底，新进班组必须先进行安全技术交底后才能上岗。

(B) 审查安全交底内容是否包括工作场所的安全防护设施、安全操作规程及安全注意事项。

(C) 审查季节性施工是否进行了安全技术交底（如：冬季、雨季等季节性施工方案的制定是否符合强制性标准要求）。

(D) 审查特殊作业环境是否进行安全技术交底。

F. 审查施工现场总平面布置图和安全标志布置平面图：施工总平面布置图是否符合

安全生产的要求，办公、宿舍、食堂、道路等临时设施设置以及排水、防火措施是否符合强制性标准要求。

6）审核特种作业人员的特种作业操作资格证书是否合法有效；审核施工单位应急救援预案和安全防护措施费用使用计划。

（3）监理单位施工阶段安全内业管理内容

施工过程的安全监理是指为确保建设工程施工安全，监理工程师要对施工过程进行全过程、全方位的控制，对整个施工过程要按事前、事中及事后进行控制，针对一个具体作业和管理，监理工程师也要按事前、事中及事后进行控制。具体管理内容如下：

1）监督施工单位按照施工组织设计中的安全技术措施和专项施工方案组织施工，及时制止违规施工作业。

2）核查施工现场施工起重机械、整体提升脚手架、模板等自升式架设设施和安全设施的验收手续；检查施工现场各种安全标志和安全防护措施是否符合强制性标准要求，并检查安全生产费用的使用情况。

3）定期巡视检查施工过程中的危险性较大工程作业情况。

4）安全检查记录是否真实反映各项检查后发现的安全问题和事故隐患，是否进行了整改，是否对整改事项进行复查；督促施工单位进行安全自查工作，并对施工单位自查情况进行抽查，参加建设单位组织的安全生产专项检查。

5）工程基础、主体、结顶、装饰四个阶段进行安全检查评分。

6）在项目施工过程中采用巡视或旁站等形式实施现场安全监理（包括安全、防火和文明施工等）。

（4）监理单位针对专项工程的安全内业管理内容

1）脚手架安全监理

A. 审查要点：脚手架设计计算书、脚手架设计方案、脚手架验收方案、脚手架使用安全措施、脚手架拆除方案、脚手架专项施工方案的审批等。

B. 审查钢管、扣件的生产出厂证、产品合格证、法定检测机构检测报告。

（A）钢管表面应平直光滑，不应有裂缝、结疤、分层错位、硬弯、毛刺和深的划道，不得自行对接加长。明显弯曲变形不应超过《建筑施工扣件式钢管脚手架安全技术规范》JGJ 130—2011 中的规定，且应做好防锈处理。

（B）扣件不得有裂缝、变形，表面大于 $10mm^2$ 的砂眼不应超过 3 处且累计面积不应大于 $50mm^2$，螺栓不得出现滑丝。

（C）对承重支模系统（承重支撑架搭设）应使用力矩扳手进行抽样检测，螺栓拧紧扭力矩达 65N·m 时，不得发生破坏，并对抽样检测的数量、部位和结果做好相应的记录。

C. 审核建筑安全监督管理部门核发的设备准用证及操作人员上岗证是否在有效期内。

D. 脚手架搭设完毕后，应经过验收合格后挂牌，方能使用。

2）基坑支护安全监理

审查要点：基坑支护设计及施工详图、计算书；基坑四周的安全防护；基坑边荷载限定；基坑支护变形监测方案；基坑设计与施工方案的审批。

A. 审核基坑支护“变形监测”是否到位，施工过程中经常查阅“变形监测”记录和

“沉降观测”记录，情况发生异常时应及时报告，并告诉施工单位采取必要的应急措施。

B. 审核基坑支护安全方案和支护结构设计计算书等。4m深以上基坑支护方案，必须经当地有关专家组评审、修正后再行施工。

3）模板工程安全监理

A. 审查要点：模板支撑设计计算书的荷载取值，计算书；模板设计的支撑系统及支撑模板的楼，地面强度要求；模板设计图中细部构造的大样图，材料规格，尺寸，连接件等；模板设计中安全措施；模板施工方案的审批。

B. 审核模板工程施工方案和根据混凝土输送方法是否制定针对性安全措施。

C. 模板拆除前必须有混凝土强度报告及审批拆模申请，模板支撑系统拆除时，混凝土强度必须符合《混凝土结构工程施工质量验收规范》GB 50204—2002规定。

4）施工临时用电安全监理

A. 审查要点：负荷计算；电源的进线，总配电箱的装设位置和线路走向；导线截面和电气设备的类型规格；电线平面图，接线系统图；是否采用TN-S接零保护系统；是否实行“一机一闸一漏一箱”；是否三级配电两级保护；照明用电措施；临时用电方案的审批等。

B. 审查施工单位上报的施工临时用电方案和电工上岗证，复核施工单位临时用电接地电阻。

C. 凡工地新购入的电缆电线、电路开关及保护或连接电器装置（含插头插座、熔断器等）、低压电气（含漏电保护器、隔离开关、低压成套开关设备）、电动工具（含电钻、电动砂轮机、圆锯、插入式混凝土振动器）、电焊机等必须具备CCC认证标志并符合行业有关规范。

5）物料提升机（龙门架、井字架）安全监理

A. 审查施工单位的专项施工方案。

B. 在使用前必须按规定进行验收，未经验收合格，一律不得投入使用。

C. 物料提升机、施工升降机，每班使用前必须进行空载和载重运行的试验。

D. 检查工地是否有专人负责维修、保养，审核机械操作人员上岗证。

E. 认真核查生产厂家的生产许可证或制造许可证、产品合格证及法定检测机构出具的检测报告，及建筑安装监督部门核发的准用证。

6）外用电梯安全监理

A. 审核装拆单位许可证、装拆人员上岗证；查阅外用电梯使用说明及装拆方案（含基础方案）。

B. 核查外用电梯（人货两用电梯）生产许可证，或制造许可证、产品合格证，及法定检测机构出具的检测报告（安全装置应每两年经法定检测单位检测，有效期是否符合）。

C. 安装结束后，安装单位应进行调试检测并附有验收记录，数据齐全，经安装单位和使用单位验收合格后，报当地建筑安全监督管理部门备案后使用。

D. 外用电梯（人货两用电梯）基础必须做好隐检，并经监理企业签认；人货两用电梯每次顶升和拆降后继续使用的应重新验收。

7）塔式起重机安全监理

A. 查阅塔式起重机使用说明及装拆方案（含基础方案）；审核装拆单位许可证、装

拆人员上岗证、塔式起重机人员上岗证；

B. 安装结束后，安装单位应进行调试检测，并有验收记录，数据齐全，在经安装单位和使用单位验收合格再报当地建筑安全监督管理部门备案后使用。

（5）竣工验收阶段安全监理

工程竣工验收是全面考核建设成果、检验设计和工程质量的重要环节，做好竣工验收工作，对促进建设项目及时投产，发挥投资效益，总结建设经验都有重要作用，此阶段的安全监理主要内容是：审查劳动安全卫生设施等是否按设计要求与主体工程同时建成交付使用；要求有资质的单位对建设工程的劳动安全卫生设施进行检测检验并出具技术报告，作为劳动安全卫生单项验收的依据。

（三）安全监理工作记录

1. 安全监理工作记录规定

（1）监理单位应设计出有针对性的安全防护、文明施工措施费用支付申请表，并要根据建筑施工项目的安全管理情况。确保安全管理费用申请信息在相关单位顺利传递。

（2）监理单位应提供符合建筑施工项目的安全防护、文明施工措施费用支付证书，连同施工单位付款申请表及项目监理部审查记录等文件交至建设单位。

（3）监理单位应对施工过程中经常出现的不安全行为向施工单位下发施工安全监理通知书，并责令改正。

（4）监理单位在建筑施工项目监理的过程中，如发现安全隐患，应及时填写安全隐患整改通知单。整改通知单应送至施工单位，抄报建设单位。

（5）监理单位应根据施工单位反馈的施工安全整改报告进行复查，安全隐患已消除，符合复工条件的，监理单位应在工程复工报审表中签字并保留整改报告和复工报审表。建筑施工过程中如果出现需要停工处理的施工安全事件，监理单位应签发工程暂停令。

（6）监理单位应组织或参与施工单位定期现场安全文明施工检查活动，同时针对检查中存在的安全事故隐患提出整改意见，并对整改情况进行复查消项。

（7）监理单位应督促施工单位做好安全事故应急救援物资、设备和演练制度的落实，并形成书面记录。

（8）监理单位专职安全（兼职）监理人员应在总监理工程师的指导下，开展日常施工现场安全施工情况进行巡视检查，以及对危险性较大分部分项工程施工过程实施巡视或旁站监理，并留有详细、真实记录。

2. 安全监理工作记录内容

（1）《安全生产监理工作记录》填写说明

1）详细填写“安全生产事件”发生的时间，及当天的天气。

2）“监理责任人”指该项安全生产事件的直接监理责任人；“记录人”可以为“监理责任人”也可以为监理部其他人，总监审阅该记录并监督事件的闭合。

3）当发生“安全生产事件”时应及时填写，记录频率每周不低于一次。

“安全生产事件”的含义为以下内容：

A. 建设单位做好有关安全管理工作的督促；

B. 建设工程安全生产过程中进行的安全检查、安全巡查等；

C. 建设工程生产过程中发生的安全隐患、事故；

D. 监理规划、监理细则等监理指导性文件编制、审批，有关安全生产监理工作交底；

E. 施工准备阶段施工企业资质、人员资格、施工组织设计、专项施工方案、应急预案相关制度的制定、进场的施工机械设备、施工机具和电器设备的报送审批。

4）“监理工作内容”指针对上述“安全生产事件”，监理所采取的措施和效果。

注：本记录为监理部针对所监理项目开展的安全生产过程监理工作的记录。

（2）施工现场安全监理记录资料

1）委托监理合同关于安全监理的约定；

2）监理规划中的安全监理方案；

3）安全监理实施细则、安全监理告知书、安全监理通知单、安全监理整改回复单，安全专项施工方案报审表；

4）第一次工地会议纪要的安全监理内容；

5）相关的工程暂停令及复工令；

6）施工单位资质、安全生产许可证报审表；

7）施工单位主要负责人、项目负责人、专职安全生产管理人员，特种作业人员资格报审表；

8）工程例会纪要的安全监理内容、安全监理日记，监理月报中的安全监理内容；

9）安全生产事故及其分析处理报告；

10）监理工作总结的安全监理内容。

（3）安全监理日志的记录

1）施工现场安全状况；

2）当日安全监理的主要工作；

3）有关安全生产方面各类问题的处理情况；

4）施工单位现场人员变动，以及材料和施工运转等情况；

5）其他。

备注：三等及以下工程可在监理月报上增加安全监理的内容，其他工程宜单独设立安全监理月报。

（4）安全监理月报的记录内容

1）当月工程施工安全生产形势简要介绍，当月安全监理的主要工作及效果，当月安全监理签发的监理文件；

2）施工单位安全生产保证体系运行状况及文明施工状况评价；

3）安全生产问题及安全生产事故的分析处理情况；

4）危险性较大的分部分项工程施工安全状况分析；

5）存在的问题及打算（必要时可以附上照片）；

6）其他。

备注：三等及以下工程可在监理日志上增加安全监理的内容，其他工程宜单独设立安全监理日志。

（5）安全监理工作总结

施工安全监理工作结束时，工程监理单位应向建设单位提交安全监理工作总结。该总结也可根据情况与监理工作总结结合并为一个文件。安全监理工作总结记录的内容如下：

1）工程施工安全生产概况；

2）委托安全监理约定履行情况；

3）安全监理人员组织保障，安全目标实现情况及安全监理工作效果；

4）施工过程中重大安全生产问题、安全事故隐患及安全事故处理情况及结论；

5）必要的相关影像资料等。

（四）监理单位履行安全责任需要的内业资料

1. 监理单位履行安全责任需要的内业资料提供规定

（1）监理单位应提供施工组织设计中有关安全技术措施审查结果。

工程监理单位应当审查施工组织设计中的安全技术措施或者专项施工方案是否符合工程建设强制性标准。

（2）监理单位应该及时总结施工中发现的安全事故隐患，提醒和督促施工单位加强施工安全管控，同时，形成安全监理工作月报。

（3）建筑施工过程中施工单位提供安全事故隐患的书面整改对策，监理单位应对该内业资料做出反馈意见。

1）工程监理单位在实施监理过程中，发现存在安全事故隐患的，应当要求施工单位进行整改；情节严重的，应当要求施工单位暂时停止施工，并及时报告建设单位。施工单位拒不整改或者不停止施工的，工程监理单位应当及时向有关主管部门报告。

2）工程监理单位和监理工程师应当按照法律、法规和工程建设强制性标准实施监理，并对建设工程安全生产承担监理责任。

3）工程监理要对施工过程的每一个环节起到监督管理作用，是工程建设安全生产的责任主体之一。

2. 监理单位履行安全责任需要的内业资料

监理单位履行安全责任需要的内业资料（简称安全监理资料）是反映被监理的建设工程项目在安全监理方面所做的工作以及这些工作的质量和水平，同时也是保护监理单位履行安全责任的重要证据，是自身工作价值的具体表现。

（1）监理单位安全监理资料形成及管理制度

1）监理资料的形成应符合我国相关法律、法规、规章、工程质量验收标准和相应规范、设计文件及有关工程合同的规定。

2）施工现场的安全监理资料必须反映安全监理工作的实际情况，且必须真实、及时、完整，具有可追溯性。

3）监理资料管理人员应明确职责，总监理工程师为项目监理机构资料的总负责人，指定副总监主管，专业监理工程师及资料员具体管理，并定期检查监理人员资料管理情况。

4）专业监理工程师应随着工程项目的进展负责收集、整理本专业的监理资料，进行认真检查，不得接受经涂改过的报审资料，并于每月编制月报（也可每季度编制季报）之后次月10日前将审核整理过的资料交与资料员存放保管。

5）资料应保证字迹清晰，签字、盖章手续齐全，签字应符合档案管理的要求。计算机形成的工程资料应采用内容打印，手工签名的形式；要长期保存的应采用针式或喷墨打印，不能用激光打印，纸张采用70kg的A4或A3纸。

6）项目监理机构应建立监理文件资料的收文、传阅及发放制度。

7）在监理工作过程中，监理资料应按监理资料分类建立案卷盒，分专业存放保管，并编目录，以便于跟踪检查。

8）对于已归资料员保管的监理资料，如本项目监理机构或其他人员借用，须按一定程序和规定，办理借用手续，资料员负责收回。

9）利用计算机建立监理资料管理的系统文件，长期保存的文件应及时形成电子文档形式、做好备份，归档时刻录成光盘上交。

10）注：安全监理资料的管理主要是安全监理资料的整编、收集、传递及归档管理等。安全监理资料管理应完整，但不繁锁，分类清晰、摆放有序、有总目录和卷内目录，查阅方便。

（2）安全监理资料内容

1）安全监理资料可分为四类：

A. 安全监理依据性文件，如：安全生产法律、法规、条例、规程、规范、规定、建设工程强制性标准条文等；

B. 项目监理部在工作过程中内部独立生成的文件和记录，如：安全监理方案、安全监理实施细则、安全监理规章制度、安全监理作业指导书、危险辨识与风险评价、应急预案、监理工程师通知单、安全监理日志、月报、安全检查、巡视、旁站监理记录、安全教育培训记录、会议记录等；

C. 上级及相关方文件经过转化形成的资料，如：安全协议、各类报审（验）表及其附件等；

D. 声像资料及电子文档，如监理在巡视、旁站、检查或事故处理过程中生成的声像资料和电子文档。

2）施工监理阶段安全监理应具备的主要资料：

A. 安全监理主要依据性文件

（A）《中华人民共和国安全生产法》、《中华人民共和国建筑法》、《中华人民共和国环境保护法》；

（B）《建设工程安全生产管理条例》、《安全生产许可证条例》、《特种设备安全监察条例》、《建设项目环境保护管理条例》；

（C）《电力建设安全健康与环境管理工作的规定》、《电力生产事故调查规程》；

（D）《国务院关于特大安全事故行政责任追究的规定》；

（E）《工程建设标准强制性条文（电力工程部分、房屋建筑部分）》；

（F）《电力建设安全工作规程（火力发电厂、变电站、架空线路）》；

（G）《省建设工程安全监理导则（试行）》；《监理合同及安全监理协议》。

B. 项目监理部在工作过程中内部独立生成的文件和记录

（A）项目安全委员会组织机构、安全委员会主任及其组成人员；

（B）安全监理制度、安全监理工作计划（规划或方案）；

（C）安全监理实施细则及安全监理作业指导书；

（D）施工现场安全管理体系审查记录；

（E）分包商资质审查记录及相关证件；

（F）特种工和其他各类安全监督和管理人员资质审查记录及相关证件，各类人员安全教育、培训、考核记录；

（G）各种起重、吊装、水平及垂直运输机械和机具审查记录及相关检验证件；

（H）危险辨识、环境因素辨识、分析评价及预防措施；

（I）应急救援预案及响应文件、应急演练记录；

（J）施工组织设计和各种施工安全方案审查记录（报审表）；

（K）安全文明施工管理和检查记录、安全大检查记录及总结报告、安全监理日志（含巡视、旁站记录）、安全监理月报（或周报）；

（L）监理工程师通知单（有关安全的）；

（M）安全隐患整改回执及其他记录；

（N）停工、复工指令；

（O）安全例会及其他安全会议记录、安全事故调查报告、事故处理文件；

（P）安全监理专题报告、安全监理工作总结。

3）上级及相关方文件经过转化形成的资料

A. 政府及行政和业主有关安全文件和指令；

B. 设计安全文件和施工单位报审、报验资料。

三、勘察、设计单位安全内业管理

（一）勘察单位履行安全责任需要的内业管理

1. 勘察单位履行安全责任需要的内业管理规定

（1）勘察单位应提供企业法人营业执照、建设工程勘察资质证书，以及受聘于本单位的勘察人员执业注册资格证书。

（2）勘察单位必须提供真实、准确的勘察文件。按建设单位要求补充、修改的勘察文件应及时存档备案。

（3）勘察单位应提供保证各类管线、设施和周边建筑物、构筑物的安全措施资料；勘察单位应提供制定勘察安全操作规程，以及勘察用设备和检测仪器的安全操作规程。

（4）勘察单位应当按照法律、法规和工程建设强制性标准进行勘察，提供的勘察文件应当真实、准确，满足建设工程安全生产的需要。

（5）勘察单位在勘察作业时，应当严格按照操作规程，采取措施保证各类管线、设施和周边建筑物、构筑物的安全。

2. 勘察单位履行安全责任需要的内业管理要素

（1）勘察单位在项目勘察阶段的程序管理

1）审查工程勘察任务书

A. 审查勘察范围、勘察具体内容与要求、提交勘察成果内容与时间、各技术指标与作业环境。

B. 根据项目总体作业计划拟定工程勘察进度计划。

2）勘察单位应具备以下资料

A. 拟定勘察招标文件。

B. 审查勘察单位的资质、信誉、技术水平、经验、设备条件以及对勘察项目的工作方案设想。

C. 参与勘察招标优选勘查单位。

D. 参与勘察合同谈判。

E. 拟定勘察合同。

3）向工程勘察单位提供相关资料

A. 以书面形式向勘察单位明确勘察任务及技术要求并按规定提供相关文件资料。

B. 工程建设单位提供地下埋藏物（如：电力、电信电缆、各种管线等）、障碍物、人防等地下设施情况和地上需保护的建筑物、构筑物、古树名木等文物资料及具体位置分布图。

C. 以书面形式向勘察单位提供水准点和坐标控制点。

D. 向勘察单位提供现场作业环境情况，如：有毒有害等危险作业及生产生活条件。

E. 勘察过程中的变更情况。

F. 其他双方规定的文件资料。

G. 提供本工程批准文件以及用地、施工、勘察许可等批件。

H. 提供工程勘察任务委托书、技术要求和工作范围地形图、建筑总平面布置图。

4）审查工程勘察纲要

A. 根据勘察工作的进程提前准备好基础资料并审查资料的可靠性。

B. 审查勘察纲要是否符合勘察合同规定，能否实现合同要求，大型或复杂的工程勘察纲要会同设计单位予以审核。

C. 审查勘察工作方案的合理性、手段的有效性、设备的适应性、试验的必要性。

D. 审查勘察工作进度计划。

5）现场工程勘察的监督管理

A. 工程勘察的质量监督管理，遵照《建设工程勘察质量管理办法》，对工程勘察进行全面管理，其内容为：①监督按时进场；②调查、测绘、勘探项目是否完全，并检查是否按勘察纲要实施；③检查勘察点、线有无偏、错、漏；④操作是否符合规范；⑤检查钻探深度、取样位置及样品保护是否得当；⑥对大型和复杂工程还要对其内业工作进行监控，如：试验条件、实验项目、操作方法；⑦审查勘察成果报告。

B. 工程勘察的进度控制：勘察人员、设备是否按计划进场，根据实际勘察速度预测勘察进度，必要时及时通知勘察单位予以调整。

C. 检查勘察报告：检查勘察报告的完整性、合理性、可靠性和实用性，对设计、施工要求的满足程度。

D. 审核勘察费：根据勘察进度，按合同规定，经检查质量、进度符合要求，项目管理人员签发工程进度款。

E. 审查勘察成果报告：审查勘察成果是否符合合同规定的要求，满足设计及相关标准的规定，发出补勘指令。

6）签发补勘通知书

设计、施工过程中若需要某种在勘察设计报告中没有反映，在勘察任务书中没有要求的勘察资料时，另行签发补充勘察任务通知书

7）协调勘察工作与设计、施工的配合：及时将勘察报告提交设计或施工单位，作为设计施工的依据，工程勘察的深度应与设施深度相适应。

8）勘察报告的内容具体包括

A. 拟建场地的工程地质条件；

B. 拟建场地的水文地质条件；

C. 场地及地基的建筑抗震地质条件；

D. 地基基础方案分析、评价及相关建议；

E. 地下室开挖和支护方案评价及相关建议；

F. 降水对周围环境的影响；

G. 桩基工程设计与施工建议；

H. 其他合理化建议。

9）勘察报告的具体要求

A. 对建筑物范围内的地质构造、地层结构及均匀性，以及各岩土层的物理力学性质和工程特性做出评价。

B. 有无影响建筑场地稳定性的不良地质作用，场地不良地质作用的成因、分布、规模、发展趋势，有无暗浜、暗塘、墓穴等，并对其危害程度、建筑场地稳定性做出评价，提出预防措施的建议。

C. 地下埋藏情况、类型和水位幅度和规律，以及地下水和土对建筑材料的腐蚀性，设计抗渗水位及抗浮水位，提出施工降水方法的建议和有关技术参数。

D. 提供抗震设防裂度、分组及有关技术参数，场地土类型和场地类别，并对饱和砂土和粉土进行液化判别，对场地和地基的地震效应、场地地震安全性做出初步评价。

E. 场地土的标准冻结深度。

F. 对可供采用的地基基础设计方案进行论证分析，建议适当的基础形式和基础持力层，并提出经济合理的地基和基础设计方案和建议。

G. 采用桩基方案时成桩的可能性分析，施工对周围环境影响分析和评价。

H. 提供与设计要求相对应的地基承载力特征值及变形计算参数，预估基础沉降量，估算的期望差和总基础和桩沉降值，并对设计与施工应注意的问题提出建议。

I. 深基坑开挖的边坡稳定计算，支护设计及施工降水所需的岩土技术参数，论证其对周围已有建筑物和地下设施的影响。

J. 由设计单位提出的具体或特殊的勘察要求。

K. 符合当地行政主管部门提出的行政要求和审查要求。

L. 评价与建议依据明确，结果正确，方案合理可行。

M. 满足相关标准规范的规定及强制性条文。

（2）勘察单位的职责要求

1）勘察单位应当按照法律、法规和工程建设强制性标准进行勘察，提供的勘查文件应当真实、准确，满足建设工程安全生产的需要。

2）对该项目的勘察质量负全面责任。

3）认真组织技术人员编制勘察计划，组织技术人员进行技术交底。

4）对勘察中出现的问题，会同建设单位技术人员共同探讨，并提出合理更好的建议。

注意：勘察作业时，应当严格执行操作规程，采取措施保证各类管线、设施和周边建筑物、构筑物的安全。

（3）勘察单位项目负责人责任要素

1）勘察项目负责人应当确认承担项目的勘察人员符合相应的注册执业资格要求，具备相应的专业技术能力，观测员、记录员、机长等现场作业人员符合专业培训要求。不得允许他人以本人的名义承担工程勘察项目。

2）勘察项目负责人应当依据有关法律法规、工程建设强制性标准和勘察合同（包括勘察任务委托书），组织编写勘察纲要，就相关要求向勘察人员交底，组织开展工程勘察工作。

3）勘察项目负责人应当负责勘察现场作业安全，要求勘察作业人员严格执行操作规程，并根据建设单位提供的资料和场地情况，采取措施保证各类人员，场地内和周边建筑物、构筑物及各类管线设施的安全。

4）勘察项目负责人应当对勘察成果的真实性和准确性负责，保证勘察文件符合国家规定的深度要求，在勘察文件上签字盖章。

5）勘察项目负责人应当对原始取样、记录的真实性和准确性负责，组织人员及时整理、核对原始记录，核验有关现场和试验人员在记录上的签字，对原始记录、测试报告、土工试验成果等各项作业资料验收签字。

6）勘察项目负责人应当对勘察后期服务工作负责，组织相关勘察人员及时解决工程设计和施工中与勘察工作有关的问题；组织参与施工验槽；组织勘察人员参加工程竣工验收，验收合格后在相关验收文件上签字，对城市轨道交通工程，还应参加单位工程、项目工程验收并在验收文件上签字；组织勘察人员参与相关工程质量安全事故分析，并对因勘察原因造成的质量安全事故，提出与勘察工作有关的技术处理措施。

7）勘察项目负责人应当对勘察资料的归档工作负责，组织相关勘察人员将全部资料分类编目，装订成册，归档保存。

8）勘察项目负责人的责任说明

A. 勘察单位应当加强对勘察项目负责人履职情况的检查，发现勘察项目负责人履职不到位的，及时予以纠正，或按照规定程序更换符合条件的勘察项目负责人，由更换后的勘察项目负责人承担项目的全面勘察质量责任；勘察项目负责人对以上行为承担责任，并不免除勘察单位和其他人员的法定责任。

B. 各级住房城乡建设主管部门应加强对勘察项目负责人履职情况的监管，在检查中发现勘察项目负责人违反上述规定的，记入不良记录，并依照相关法律法规和规章实施行政处罚。

（二）设计单位履行安全责任需要的内业管理

1. 设计单位履行安全责任需要的内业管理规定

（1）设计单位应该对涉及的施工安全的重点部位和环节在设计文件中注明，并对防范生产安全事故提出指导意见。

1）外电防护：设计单位应在设计文件中标注外电与建筑物的距离、外电电压，针对外电制定防护措施，提出设置防护设施施工时安全作业的指导意见。

2）地下管线的防护：设计单位应在设计文件中注明地下管线的种类和具体位置，以及地下管线施工时的安全保护措施。

3）深基坑工程：设计单位应该根据深基坑工程施工的特点，提出安全防护设施的设置以及安全作业注意事项，对特殊结构的支护，设计单位应当提供支撑系统的结构图和计算书。

（2）设计工作应达到规定深度，符合国家和建设部规定的质量标准，提供能够满足建设工程安全生产要求的设计文件，防止因勘察工作错误或设计不合理发生安全事故。

（3）设计单位应该针对新结构、新材料、新工艺的建设工程和特殊结构的建设工程制定安全施工措施。

（4）设计单位应系统考虑施工安全操作和防护的需要，以及项目周边环境对施工安全的影响，制定保证施工和安全生产的具体技术措施，并纳入设计文件；各种安全技术措施应翔实完善，准确无误，对涉及施工安全的重点部位环节，应在设计文件中注明，并提出防范安全事故的指导意见。

（5）设计单位应根据营业线施工情况，提出营业线施工过渡方案，提出营业线在施工期间保证安全运营的措施和施工注意事项。

（6）设计单位应依据勘察成果向提供施工现场及毗邻区域内供水、排水、供电、供气、供热、通信、信号、广播电视等地下管线资料，气象和水文观测资料，拟建工程可能影响的相邻建筑物和构造物、地下工程有关资料。

（7）建设项目采用新结构、新材料、新工艺及特殊结构的，设计单位应当在设计中提出保障施工作业人员安全和预防安全事故的措施及相关要求。

（8）设计单位应参加安全事故分析，对因勘察设计原因造成的安全事故承担相应责任，并对建设工程合理使用年限内因勘察设计原因发生事故承担责任。

2. 设计单位履行安全责任需要的内业管理要素

（1）设计单位对设计的控制管理

1）设计任务书所提出的建设规模和投资规模应符合有关主管部门的批复文件要求（项目建议书、可研报告等）；

2）设计任务书应充分全面地表达了业主对项目建设的要求，设计任务书所提出的建议标准应与投资标准相适应，并体现技术的先进性、合理性；

3）方案设计文件的深度是否满足有关规定和报审的要求；

4）设计方案的技术经济指标，应符合规划意见书的要求；

5）应组织设计单位进行现场踏勘，对现状地形图的准确性应进行核实，尤其是在新建建筑物遮挡范围内的现状建筑的情况，应核实市政是否具备与城市管网的接口条件，是否需要增容。

（2）规划、方案设计管理的内容要素

1）相关手续报批：规划设计方案办理；办理建设用地规划许可证；其他手续：人防、园林、交管、消防、环保、文物、水利、卫生、教育。

2）设计要求的提出设计任务书的内容为：项目背景；项目概论；设计条件；设计要求。

3）设计条件的确定：场地条件；市政条件；交通条件；地质条件；其他条件；规划条件。

4）设计文件的确认

A. 对业主要求的满意程度：功能、规模、标准等方面能否满足业主要求；

B. 对法规的满足程度：规划条件的满足、有关法规的满足；

C. 对申报要求的满足程度；

D. 对设计深度的满足程度；

E. 方案设计的合理性：对设计文件的安全、技术、经济进行评审，应向设计单位提出设计方案比选和优化的要求；

F. 方案设计的可实施性：技术条件项目所具备的各种技术条件能否保证设计得以实现，进度能否满足建设工期要求，投资控制能否控制在限定的投资额度内。

5）初步设计管理的内容应包括：

A. 方案经政府行政主管部门认可

B. 设计要求提出，设计任务书深度：①项目概况；②设计依据；③总体设计要求；④建筑设计；⑤内、外装修工程；⑥结构设计；⑦给水排水系统；⑧采暖通风及空调；⑨电气设计；⑩设计概算、图纸及文件要求。

C. 设计条件确定

（A）土地条件：用地范围、土地使用性质；

（B）市政条件：给水、排水、污水、中水、煤气、电力、电信、电视、消防；

（C）规划条件：用地红线及坐标、建筑退红线要求、建筑高度、容积率等；

（D）交通条件：道路允许开口的位置；

（E）地质条件：地形图、勘察报告；

（F）其他条件。

D. 设计文件内容：文字说明、扩充初步设计各专业图纸、概算。

E. 报批手续的办理：人防、园林、交管、消防、环保、文物、水利、卫生、教育。

F. 设计文件确认：

（A）行政主管部门的批文或文件确认材料

（B）设计文件应符合住房和城乡建设部《建筑工程设计文件编制深度规定》；

（C）应满足行政主管部门批审的要求；

（D）设计概算应控制在设计现价范围内；

（E）主要设备、材料选型应符合设计任务书要求，并应进行性能、价格比选。

6）施工图设计管理内容应包括

A. 方案经行政主管部门确认

B. 初步设计经行政主管部门批准

C. 设计要求提出设计任务书深度：①项目概况；②设计依据；③总体设计要求；④建筑设计；⑤内、外装修工程；⑥结构设计；⑦给水排水系统；⑧采暖通风及空调；⑨电气设计；设计概算、图纸及文件要求。

D. 设计条件确定：

（A）土地条件：用地范围、土地使用性质；

（B）市政条件：给水、排水、污水、中水、煤气、电力、电信、电视、消防；

（C）规划条件：用地红线及坐标、建筑退红线要求、建筑高度、容积率等；

（D）交通条件：道路允许开口的位置；

（E）地质条件：地形图、勘察报告；

（F）其他条件。

E. 设计文件内容：文字说明、扩初设计各专业图纸、概算、图纸及文件要求。

F. 报批手续办理：①人防施工图审批；②消防施工图审批；③规划许可证。

G. 设计文件的确认：

（A）行政主管部门对施工图的批准文件及审图单位

（B）施工图文件确认的主要依据为《施工图审查意见》，要求设计单位按照施工图审查意见进行图纸修改；

(C) 设计文件深度应符合《建筑工程设计文件编制深度规定》。

H. 施工图设计管理工作的要点

(A) 审核设计文件是否满足《施工图审查意见》要求，是否有未确定的内容和结论；

(B) 审核设计文件是否符合设计合同中的质量要求；

(C) 审核设计文件的签章是否齐全；

(D) 协助业主进行正式设计文件的存档工作。

(3) 设计单位的职责

1) 设计单位应当按照法律、法规和工程建设强制性标准进行设计，防止因设计不合理导致生产安全事故的发生。

2) 设计单位应当考虑施工安全操作和防护的需要，对涉及施工安全的重点部位和环节在设计文件中注明，并对防范生产安全事故提出指导意见；

3) 对该项目的设计工作负全面责任；

4) 自觉遵守党纪国法，坚持工作岗位，领导各专业设计人员、认真学习现行设计规范、国家标准，并按标准执行；

5) 采用新结构、新材料、新工艺的建设工程和特殊结构的建设工程，设计单位应当在设计中提出保障施工作业人员安全和预防生产安全事故的措施建议。

6) 设计单位和注册建造师等注册执业人员应当对其设计负责。

7) 检查各专业设计人员所设计的图纸是否符合要求。

(4) 设计单位项目负责人需履行的责任

建筑工程设计单位项目负责人（以下简称设计项目负责人）是指经设计单位法定代表人授权，代表设计单位负责建筑工程项目全过程设计质量管理，对工程设计质量承担总体责任的人员。设计项目负责人应当由取得相应的工程建设类注册执业资格（主导专业未实行注册执业制度的除外），并具备设计质量管理能力的人员担任。承担民用房屋建筑工程的设计项目负责人原则上由注册建筑师担任。建筑工程设计工作开始前，设计单位法定代表人应当签署授权书，明确设计项目负责人。

1) 设计项目负责人应当依据有关法律法规、项目批准文件、城乡规划、工程建设强制性标准、设计深度要求、设计合同（包括设计任务书）和工程勘察成果文件，就相关要求向设计人员交底，组织开展建筑工程设计工作，协调各专业之间及与外部各单位之间的技术接口工作。

2) 设计项目负责人应当确认承担项目的设计人员符合相应的注册执业资格要求，具备相应的专业技术能力。不得允许他人以本人的名义承担工程设计项目。

3) 设计项目负责人应当要求设计人员在设计文件中注明建筑工程合理使用年限，标明采用的建筑材料、建筑构配件和设备的规格、性能等技术指标，其质量要求必须符合国家规定的标准及建筑工程的功能需求。

4) 设计项目负责人应当核验各专业设计、校核、审核、审定等技术人员在相关设计文件上的签字，核验注册建筑师、注册结构工程师等注册执业人员在设计文件上的签章，并对各专业设计文件验收签字。

5) 设计项目负责人应当要求设计人员考虑施工安全操作和防护的需要，在设计文件中注明涉及施工安全的重点部位和环节，并对防范安全生产事故提出指导意见；采用新结构、新材料、新工艺和特殊结构的，应在设计中提出保障施工作业人员安全和预防生产安全事故的措施建议。

6）设计项目负责人应当在施工前就审查合格的施工图设计文件，组织设计人员向施工及监理单位做出详细说明；组织设计人员解决施工中出现的设计问题。不得在违反强制性标准或不满足设计要求的变更文件上签字。应当根据设计合同中约定的责任、权利、费用和时限，组织开展后期服务工作。

7）设计项目负责人应当组织设计人员参加建筑工程竣工验收，验收合格后在相关验收文件上签字；组织设计人员参与相关工程质量安全事故分析，并对因设计原因造成的质量安全事故，提出与设计工作相关的技术处理措施；组织相关人员及时将设计资料归档保存。

8）设计项目负责人的责任说明：

A. 设计项目负责人对以上行为承担责任，并不免除设计单位和其他人员的法定责任。

B. 设计单位应当加强对设计项目负责人履职情况的检查，发现设计项目负责人履职不到位的，及时予以纠正，或按照规定程序更换符合条件的设计项目负责人，由更换后的设计项目负责人承担项目的全面设计质量责任。

C. 各级住房城乡建设主管部门应加强对设计项目负责人履职情况的监管，在检查中发现设计项目负责人违反上述规定的，记入不良记录，并依照相关法律法规和规章实施行政处罚或依照相关规定进行处理

四、设备材料供应、租赁单位安全内业管理

（一）建筑起重机械提供单位安全内业管理

1. 建筑起重机械提供单位安全内业管理规定

（1）建筑施工项目的设备提供商应向建设、监理和施工单位提供生产许可证、产品合格证书以及强制性认证、核准、许可证书。

（2）建筑起重机械的提供单位应建立建筑起重机械安全技术档案，主要包括：

1）购销合同、制造许可证、产品合格证、制造监督检验证明、安装使用说明书、备案证明等原始资料。

2）定期检验报告、定期自行检查记录、定期维护保养记录、维修和技术改造记录、运行故障和生产安全事故记录、累计运转记录等运行资料。

3）历次安装验收资料。

（3）建筑起重机械安装单位和使用单位应当在签订的建筑起重机械安装、拆卸合同中明确双方的安全生产责任。实行施工总承包的，施工总承包单位应当与安装单位签订建筑起重机械安装、拆卸工程安全协议书。

（4）建筑起重机械安装单位应提供以下的安全内业资料：

1）签字确认的组织安全施工技术交底。

2）制定建筑起重机械安装、拆卸工程生产安全事故应急救援预案。

3）将建筑起重机械安装、拆卸工程专项施工方案，安装、拆卸人员名单，安装、拆卸时间，经施工总承包单位和监理单位审核后，告知工程所在地建设主管部门。

2. 建筑起重机械提供单位安全内业管理要素

（1）建筑起重机械安装告知需要的资料

1）安装告知单：此安装告知单经安装单位审核后，将安全监督员签字的原件交由项目监理部存档，未签字的视为无效。且须加盖安装单位公章，不允许盖工程项目章。

2）安装单位资质证书及安全生产许可证副本：复印件加盖公章，主要审核是否过期，该复印件必须加盖安装单位公章。

3）产品备案证：现场水电监理必须要求产权单位提供原件与该台设备的安装告知资料中的复印件进行核对，复印件上必须加盖产权单位公章。

4）安装安全协议书及设备租赁合同：甲、乙双方必须签字且加盖各单位的公章。

5）安装方案审批表：必须由设备安装单位技术负责人、使用单位技术负责人及监理单位现场专监及总监理工程师签字并加盖单位公章。

6）安装方案：必须由安装单位编制、审核、批准人员签字并加盖单位公章。

7）建筑起重机械安装安全生产管理人员、专业技术人员及安拆特种作业人员名单及

证书。(最好在安拆过程中附电工证一个。所有人员必须做一个名单，并加盖公章)。

8）安装应急预案：应急预案必须由安装单位编制、审核、批准人员签字并加盖单位公章。

9）起重机械安装安全技术交底。

10）基础验收资料（含基础质量验收表及相关隐蔽记录、检测报告＜钢筋、混凝土＞)。

11）起重机械的产品合格证及生产厂家的特种设备制造许可证。

12）设备基础图纸（设备基础必须使用原厂出的图纸)。

注：1）塔式起重机、施工升降机（人货电梯）安装高度超过 60m 的设备安拆方案必须组织专家论证。

2）物料提升机安装高度超过 30m 的设备安拆必须组织专家论证。

3）建筑起重机械设备进场时，现场监理必须持安装告知资料在现场认证核对设备是否与资料一致。

（2）建筑起重机械使用登记需要的资料

1）起重机械使用登记表（使用单位技术负责人、监理单位总监签字并加盖单位公章)。

2）监理、施工、租赁、安装单位四方联合验收表（各单位必须签字并加盖公章)。

3）建筑起重机械自检合格证明。(安装单位签字并加盖单位公章)

4）建筑起重机械安装单位与使用单位交接表。(安装与使用单位签字并加盖单位公章)。

5）建筑起重机械生产安全事故应急预案（使用单位编制人、审核人及单位技术负责人签字并加盖单位公章)。

6）安装单位对该台设备的安装自检表（该表由安装单位填写)。

7）建筑起重机械维修保养制度（该制度由租赁单位编制签字并加盖单位公章)。

8）建筑起重机械使用管理制度（该制度由使用单位编制签字并加盖单位公章)。

9）建筑起重机械监理实施细则（由监理单位编制签字并盖章)。

10）设备的检测报告。

11）起重机械司机及司索操作证书（司机证件复印件加盖单位公章)。

注：设备办理使用登记证后直到建设主管部门（安监站）下发使用登记证后，方可投入使用。

（3）建筑起重机械顶升、附着需要的资料

1）建筑起重机械顶升、加节及附墙作业实时告知单（安装单位在顶升、加节及附墙前填写盖章送达监督单位、监理单位及施工单位)。

2）建筑起重机械附着自检、验收表。

（4）建筑起重机械拆除告知需要的资料

1）安装拆卸单（必须加盖拆除单位公章，不允许盖工程项目章)。

2）拆卸单位资质证书及安全生产许可证副本（复印件加盖公章)。

3）建筑起重机械使用登记证（原件 1 份，另外的使用复印件加盖使用单位公章)。

4）拆除方案审批表（必须由设备拆除单位技术负责人、使用单位技术负责人及监理单位现场专监及总监理工程师签字并加盖单位公章)。

5）拆除方案（必须由拆卸单位编制、审核、批准人员签字并加盖单位公章）。

6）建筑起重机械拆卸安全生产管理人员、专业技术人员及安拆特种作业人员名单及证书（最好在安拆过程中附电工证一个，所有人员必须做一个名单，并加盖公章）。

7）拆卸应急预案（应急预案必须由拆卸单位编制、审核、批准人员签字并加盖单位公章）。

8）起重机械拆卸安全技术交底。

（5）建筑起重机械安全技术档案资料应包括：

1）购销合同、制造许可证、产品合格证、制造监督检验证明、安装使用说明书、备案证明等原始资料；

2）定期检验报告、定期自行检查记录、定期维护保养记录、维修和技术改造记录、运行故障和生产安全事故记录、累计运转记录等运行资料；

3）历次安装验收资料。

注：实行施工总承包的，施工总承包单位应当与安装单位签订建筑起重机械安装、拆卸工程安全协议书。建筑起重机械使用单位和安装单位应当在签订的建筑起重机械安装、拆卸合同中明确双方的安全生产责任。

（二）租赁单位安全内业管理

1. 租赁单位的安全内业管理规定

（1）建筑施工项目的出租设备单位，应向项目的建设、监理以及施工单位提供出租设备的生产（制造）许可证、产品合格证以及产品检测合格证明。

（2）租赁设备的使用单位应提供在用的建筑起重机械及其安全保护装置、吊具、索具等设备的定期检查报告、维护及保养记录。

（3）起重设备的租赁单位，除了提供以上资料外，还应提供设备安装、使用说明书、备案证明和上一年（次）由具有相应施工机械检测资质的部门出具的检测报告。

（4）使用单位在设备租期结束后，应将定期检查、维护和保养记录移交租赁单位。

2. 租赁单位的安全内业管理要素

（1）租赁机械的使用备案

租赁机械在首次出租前，自购建筑起重机械在首次安装使用前，应当向单位所在地县级以上人民政府建设行政主管部门或主管部门制定的机构备案，备案应当提供的资料如下：

1）建筑起重机械特种设备制造许可证（复印件）；

2）产品合格证、制造监督证明。

备注：通过备案，由建设行政部门发给备案号，备案号是建筑起重机械的“身份证”号，具有唯一性。

3）有下列情形的建筑起重机械不得出租、使用。建设行政主管部门不予备案：

A. 属国家明令淘汰或者禁止使用的；

B. 超过安全技术标准或者制造厂家规定使用年限的；

C. 经检验达不到安全技术标准规定的；

D. 没有安全技术标准档案的；

E. 没有齐全有效的安全保护装置的。

备注：有上述A、B、C项情形之一的，出租单位或者产权单位应当予以报废。已经通过备案的，应向备案机构办理注销手续。

（2）建筑起重机械租赁使用中的安装拆卸和验收管理

1）建筑起重机械的安装拆卸，按相关法律规定必须具有“起重设备安装工程专业承包企业资质”的企业承担。租赁和使用单位应当与具有上述资质的企业订立安装拆卸合同，实行总承包施工管理的，应当由总承包单位与安装企业订立合同。订立起重机械安装拆卸合同时应审核安装企业的资质等级。所安装拆卸的起重机械等级应在其资质等级所允许范围内。

2）建筑起重机械安装完成后，租赁单位或使用单位应委托有资质的专业检测机构对安装后的起重机械作性能检测。检测合格后，由使用单位、租赁单位、监理总承包组织上述单位共同验收，并签署验收文件。实行总承包管理的，由总包的上述单位共同验收。

3）在实际工作中，起重机械安装完毕，经检测机构检测合格，发给使用证后即投入使用。检测机构检测代替了验收，虽然减少了工作环节，但检测能否代替验收，以及检测机构承担检测工作，又承担发证职能，其工作性质和法律职责的承担是否妥当，仍是一个在争议和探索中的问题。

（3）合同订立和机械进场的管理工作

租赁单位的安全管理工作从订立合同的时候就已经开始，特别是建筑起重机械，如果合同条款已经对履行中存在不安全因素留有隐患，则发生机械事故往往难以避免。因此，租赁单位的技术人员、安全管理人员、合同主管人员都应当高度重视合同条款的安全有效，而不仅仅是经济上的平衡。

1）机械选择：订立合同时应注意建筑物高度要求，选择满足起升高度、最大起重吨位、力矩的机械，不能迁就承租方要求，以小代大勉强凑合，留下违章操作隐患。

2）踏勘现场：租赁单位应在机械使用现场踏勘现场环境、道路情况。对机械进出场、安装及辅助机械的工作有何影响，对承租方制定的机械布置方案提出改进意见。这些意见主要是塔机安装位置是否合理；起重臂回转时是否可能与周边建筑物构成障碍；多台起重机作业时，有否互为干扰的情况出现等。另外，还应了解使用地土地耐力情况，如果土质情况不符合承载力要求，应当对起重机械基座承载地基方案作修正。

3）制定起重机械进场和安装方案

A. 所租赁的起重机械进场前应检查其规格型号是否与合同约定相符，安全装置是否齐全可靠。

B. 安装方案应当详细全面，特别对安装的机械与辅助机械的配合，步骤。

C. 实际安装前，还应验看承载地基制作、养护是否符合要求，召开安装人员技术交底会，与承租方配合设立警戒和监护，委托第三方承担安装任务的，还应验看受托方资质证书和安装人员资格证书，防止不合格安装队伍或人员承担安装任务。租赁机械的拆卸同样应按上述要求进行。

（4）机械租赁间的安全管理

机械租赁期间由承租方使用管理，但出租单位应注意安全措施的落实。特别是租赁机械同时又承担机械操作的租赁单位更不能放松安全技术管理。此阶段的管理内容主要是：

1）全部操作人员和维修服务人员应经过培训，并取得特种作业操作证书或岗位资格证书方能上岗。新工人上岗应由具备一定工作经验的员工带教。租赁单位与承租方配合，组织定期安全产遵章守纪教育，教育员工遵守劳动纪律，不违章操作。承租方自行操作机械的，应注意了解操作工的持证情况和实际操作能力状况，发现无证操作应及时要求承租方改正。

2）掌握操作人员实际工作时间和休息情况，改善员工福利，避免超时工作、疲劳作业。

3）组织操作人员和维修人员按规定做好机械例行保养和维护工作。保养和维护情况，记载于机械安全技术档案。

4）租赁期满，租赁单位组织租赁机械转场保养。塔式起重机等起重机械拆卸后，应组织技术力量对主要部件进行查验，特别是起重制动系统、回转系统、控制系统、塔身、臂架等应作仔细检查修复。本单位不具备维护条件的，应委托具备维修资质的单位承担维修任务。转场保养应当在维修车间进行，不得在工地现场作转场维护。

5）切实有效地创建和弘扬健康向上的企业文化。培养忠于职守、精于业务、坚韧耐劳、具有良好职业精神和团队精神的员工队伍。租赁单位应制订员工培训计划，特别是对一线业务人员和操作人员应坚持进单位培训、岗位培训、专题培训等培训教育制度。这些培训应包括员工的社会责任教育和职业道德、文明服务方面的内容。租赁单位应把员工培训作为企业文化建设的主要任务加以落实。

（5）机械安全技术档案管理

机械安全技术档案是机械设备的履历表。对于机械设备特别是建筑起重机械的机械安全管理意义重大。以往一些大型企业和国企都建有机械设备技术档案资料，但对于新建立起来的租赁企业，这方面的工作尚有待加强和改进。档案的具体管理内容应包括：

1）购销合同、制造许可证、产品合格证、制造监督证明、安装使用说明书、备案证明等原始资料；

2）定期检查报告、定期自行检查记录、定期维护保养记录、运行故障和安全生产事故记录、运行故障和安全生产事故记录、累计运转记录等资料；

（6）建筑施工机械租赁企业的行业确认

1）从事建筑施工机械租赁业务的企业应当具备下列条件：

A. 拥有可供租赁的自有建筑施工机械；

B. 具有满足租赁及其租后服务要求的建筑施工机械维修保养基地和维修检测设备；

C. 具有满足租赁及其租后服务要求的专业技术维修服务人员；

D. 取得工商行政管理部门核发的营业执照；

E. 其他应当满足开展建筑施工机械租赁活动的条件。

2）对于申请行业确认的建筑施工机械租赁企业应当提交下列资料：

A. 建筑施工机械基本情况，包括建筑施工机械出厂合格证、新产品鉴定证书、建筑施工机械大修后的检测合格证明（复印件）、特种建筑机械安全检测报告等；

B. 建筑施工机械维修保养基地和维修检测设备基本情况，包括管理制度、维修保养力量等；

C. 专业技术维修服务人员基本情况；

D. 工商营业执照。

3）对于经审核符合（5）规定条件的企业，由中国建筑业协会发给行业确认书。建筑施工机械租赁行业确认书的有效期为两年，到期后可申请续延确认。

4）建筑施工机械承租方应当从取得行业确认书的建筑施工机械租赁企业承租建筑施工机械。

5）建筑施工机械租赁企业的信用评价

A. 建筑施工机械租赁企业应当为承租方提供技术性能良好、安全装置齐全可靠、外观整洁的建筑施工机械。进入施工现场的机械设备，必须符合《施工现场机械设备检查技术规程》JGJ 160—2008 要求。

B. 建筑施工机械租赁企业应当按照合同的约定，为承租方提供建筑施工机械出租后的技术服务。

C. 建筑施工机械的操作人员、指挥人员必须按照有关规定持证上岗，严格遵守安全操作规程。

D. 建筑施工机械租赁企业不得出租质量不合格或有安全隐患的建筑施工机械，不得出租国家或地方明令淘汰的建筑施工机械，不得出租与其租赁合同不相符的建筑施工机械。

E. 中国建筑业协会组织对建筑施工机械租赁企业的服务质量、社会信用等进行行业评价，并向社会公布结果。

F. 中国建筑业协会对服务质量或社会信用差的企业要予以书面警告，并在相关媒体上公布；对于情节严重，造成重大事故或者恶劣社会影响的建筑施工机械租赁企业，要收回行业确认书，予以公告，并报请建设行政主管部门依法处理。

6）建筑施工机械租赁合同管理和租赁信息服务

A. 建筑施工机械租赁双方应当签订租赁合同，内容包括：出租方、承租方名称，建筑施工机械种类型号，租赁方式、租赁期限、租赁价格、租赁工作量及结算方式，租赁双方责任及义务，违约及纠纷处理方式等。

B. 建筑施工机械租赁双方应当严格履行合同的各项约定。

C. 中国建筑业协会组织拟订建筑施工机械租赁合同文本，报住房和城乡建设部、国家工商总局批准发布。

D. 中国建筑业协会组织建立全国建筑施工机械租赁信息平台和信息网络体系，为建筑施工机械租赁双方提供信息服务。

（三）安装、拆卸单位安全内业管理

1. 安装、拆卸单位的安全内业管理规定

（1）施工现场安装、拆卸施工起重机械和整体提升脚手架、模板等自升式架设设施，的单位应该向建筑项目的建设单位、施工单位以及监理单位提供本单位的资质证明。

（2）安装、拆卸施工起重机械和整体提升脚手架、模板等自升式架设设施，应当编制拆装方案、制定安全施工措施，并由专业技术人员现场监督。并按程序报相关单位审批，获得审批通过后存档。

（3）安装、拆卸建筑起重机械及自升式架设设施的专业技术人员必须进行现场监督记

录，安装、拆卸施工前，必须对作业人员做好安全技术措施交底记录。并将监督记录和安全交底记录交由施工单位保管。

(4) 建筑起重机械及自升式架设设施的安装单位在安装完成后应填写自检记录，向施工单位出具自检合格证明。

(5) 建筑起重机械及自升式架设设施安装完成后，安装单位应以书面形式将有关安全性能和使用过程中应注意的安全事项向施工单位作出说明，填写安全技术交底书。并向施工单位进行安全使用说明，办理验收手续并签字。

(6) 建筑起重机械及自升式架设设施安装单位应建立安装、拆卸工程档案，包括以下资料：

1) 安装、拆卸合同及安全协议书。

2) 安装、拆卸工程专项施工方案。

3) 安全施工技术交底的有关资料。

4) 安装工程验收资料。

5) 安装、拆卸工程生产安全事故应急救援预案。

2. 安装、拆卸单位的安全内业管理要素

(1) 从事施工起重机械和自升式架设设施安装、拆卸活动的单位，必须具有相应的资质。

1) 施工起重机械是指施工中用于垂直升降或者垂直升降并水平移动重物的机械设备；自升式架设设施，是指通过自有装置可将自身升高的架设设施。如整体提升脚手架、模板等。施工起重机械和自升式架设设施等的安装、拆卸是特殊专业施工，具有高度的危险性，对其他相关分部分项的施工安全具有较大的关系，易造成群死群伤的重大安全事故。因此，有必要将其纳入资质管理的范围。根据《建筑业企业资质管理规定》的规定，从事起重设备安装、整体提升脚手架等施工的专业队伍应当按照其拥有的注册资本金、净资产、专业技术人员、技术装备和已完成的建筑工程业绩的资质条件申请资质，经审查合格，取得相应资质等级的证书后，方可在其资质等级许可的范围内从事安装、拆卸活动。

2) 按照《建筑业企业资质等级标准》的规定，起重设备安装工程专业承包资质分为一级、二级、三级 3 个等级标准。一级企业可承担各类起重设备的安装与拆卸；二级企业可承担单项合同额不超过企业注册资本金 5 倍的 1000kN/m 及以下塔式起重机等起重设备、120t 及以下起重机或龙门吊的安装与拆卸；三级企业可承担单项合同额不超过企业注册资本金 5 倍的 800kN/m 及以下塔式起重机等起重设备、60t 及以下起重机或龙门吊的安装与拆卸。按照《建筑业企业资质等级标准》的规定，整体提升脚手架专业承包资质分为一级、二级 2 个等级标准。一级企业可承担各类整体提升脚手架的设计、制作、安装、施工；二级企业可承担 80m 及以下整体提升脚手架的设计、制作、安装、施工。

3) 自升式模板的安装、拆卸施工，也存在着一定的技术含量，具有一定的危险性。因此，从事这项工作的单位，应建立相对固定的队伍，人员也应相对固定并配备相应的专业技术人员及操作人员，按照有关的技术规范和规程进行施工作业。

(2) 安装、拆卸施工起重机械和自升式架设设施，应当编制拆装方案，制定安全措施，并由专业技术人员现场监督。

1) 施工起重机械的安装单位在进行安装、拆卸作业前，应当根据施工起重机械的安全技术标准、使用说明书、施工现场环境、辅助起重机械设备条件等，制定施工方案和安全技术措施。所制定的施工方案和安全技术措施要严格按照国家标准、行业标准和生产厂家使用说明书，并严格按照技术人员制定的安装拆卸工艺和方案进行作业。安装拆卸方案一般主要包括：安装、拆卸施工的作业环境，安装条件、安装拆卸作业前检查、安装制度，安装工艺流程及安装要点，升降及锚固作业工艺，安装后的检验内容和试验方法，拆卸工艺流程及拆卸要点，工序、各部位有关的安全措施，安装、拆卸安全注意事项等。

2）脚手架在建筑施工中是一项不可缺少的重要工具。脚手架要求有足够的面积，能满足工人操作、材料堆置和运输的需要，同时还要求坚固稳定，能保证施工期间在各种荷载和气候条件下，不变形、不倾斜和不摇晃。脚手架工程属高处作业，制定施工方案时必须有完善的安全防护措施，要按规定设置安全网、安全护栏、安全挡板，操作人员上下架子，要有保证安全的扶梯、爬梯或斜道，必须有良好的外电防电、避雷装置，钢脚手架等均应可靠接地，高于四周建筑物的脚手架应设避雷装置等安全措施。在制定模板工程的安全施工措施时，应当根据不同材质模板和不同型式模板的特殊要求，严格执行有关的技术规范，并要求作业人员按照施工方案进行作业。

3）起重机械和自升式架设设施施工方案，应当由施工单位技术负责人审批，并在安装拆卸前向全体作业人员按照施工方案要求进行安全技术交底。在安装拆卸施工起重机械和整体提升脚手架、模板等自升式架设设施时，应对现场进行检查和清理，为机械作业提供道路、水电、临时机棚或者停机现场等必要条件，消除对机械作业有妨碍或者不安全的因素。如：对现场环境、行驶道路、架空线路、建筑物以及构件重量和分布进行全面了解，并进行封闭施工或者设立隔离区域，以防止无关人员进入作业现场。进场作业的司机、电工、起重工、信号工等作业人员应严格执行各自的安全责任制和安全操作规程，按照施工方案和安全技术措施要求进行施工，并做到持证上岗。安装、拆卸单位专业技术人员应按照自己的职责，在作业现场实行全过程监控。在进行安装、拆卸或上升、下降作业时，要根据专项施工方案的要求，明确施工作业人员的安全责任，专业技术人员必须全过程监控，并在作业过程中进行统一指挥。自升式架设设施控制中心应设专人负责操作，禁止其他人员操作。在安装、拆卸或上升、下降过程中还应当设置安全警戒区域或警戒线。在自升式架设设施下部严禁人员进入，并且应当设专人负责监护。操作人员应当熟悉作业环境和施工条件，听从指挥，遵守现场安全规则。当使用机械设备与安全发生矛盾时，必须服从安全的要求。

（3）施工起重机械和整体提升脚手架、模板等自升式架设设施安装完毕后，安装单位应当自检，出具自检和合格证明，并向施工单位进行安全使用说明，办理验收手续并签字。

1）施工起重机械和整体提升脚手架、模板等自升式架设设施安装单位应在安装前对零部件、构件、总成、安全保护装置等按照安全技术规范进行严格的安装工程前自检，自检项目包括：电气装置、安全装置（包括各种限位、保险、限制器等）、控制器、照明和信号系统；金属结构、连接件、吊笼、导轨架、附墙架梯子、信道、司机室和走台等；防护装置；传动机构、动力设备、升降动力控制台；制动器、防坠防倾装置、安全器；吊钩、钢丝绳及其连接；滑轮组、滑轮组的轴和固定零件；液压系统；架体结构、架体悬挑长度、架体高度、附着支撑结构、架体的防护；各部位连接紧固件及连接紧固情况等。自检应当有记录，填写检验记录表。

2）自检合格后应当向施工单位出具检验合格证明，并以书面形式将有关安全性能和使用过程中应注意的安全事项向施工单位作出说明，填写安全的技术交底书。施工起重机械和自升式架设设施经安装单位自检合格后，安装单位和施工单位应当按照国家有关标准、规程所规定的检验项目进行双方验收，做好验收记录，并由双方负责人签字。

（四）检验检测单位安全内业管理

1. 检验检测单位的安全内业管理规定

（1）建筑起重机械及自升式架设设施检验检测单位应提供以下能力证明：

1）检验检测人员资历证明、仪器设备的详细说明。

2）检验检测管理制度和检验检测安全责任制度的说明。

（2）建筑起重机械及自升式架设设施检验检测单位应提供检验检测结果中涉及建筑施工安全的详细说明。

（3）检验检测单位应提供建筑起重机械及自升式架设设施安全合格证明文件。

（4）检验检测单位应当依照法律、行政法规、规章、执业准则和相关技术规范、标准，科学、公正、诚信地开展检测检验工作，提供及时、优质、安全的服务，保证检测检验结果真实、准确、客观，并对检测检验结果负责。

（5）检验检测人员应当熟悉安全生产法律、法规、规章、标准和有关规定，具备检验检测工作所需要的专业知识和能力，经过专业培训和考核，并应当只在一个检验检测单位中从事检测检验工作。检测检验人员未经培训或者考核不合格的，不得从事安全生产检测检验工作。

（6）检验检测单位及其检验检测人员在从事检测检验活动时，应当恪守职业道德，诚实守信，不得泄露被检测检验单位的技术、商业秘密，不得接受可能影响检测检验公正性的资助，不得从事与检验检测业务范围相关的产品开发、营销等活动，不得利用检验检测单位的名义参与企业的商业性活动。

（7）检验检测收费应当符合法律、行政法规的规定。

（8）检验检测单位不得转让或者出借资质证书，不得将所承担的工作转包给其他检验检测机构，不得设立分支机构。

（9）检验检测单位需要分包个别检测检验项目时，必须选择有资质的检测机构，并对检测检验的最终结果负责。

（10）检验检测单位及其检验检测人员应当接受安全生产监督管理部门或者安全监察机构的监督检查。

（11）检验检测单位在工商注册地外的其他省（自治区、直辖市）从事检测检验活动，当地安全生产监督管理部门或者安全监察机构有权对其活动进行监督管理。

（12）发现被检设施设备、产品、作业场所等存在重大事故隐患，检验检测机构必须立即告知检验检测委托方，并及时向安全生产监督管理部门或者安全监察机构报告，不得隐瞒不报、谎报或者拖延不报。

2. 检验检测单位的安全内业管理要素

（1）检验检测单位的监督管理

1）在检验检测资质有效期内，检测检验机构应当接受资质证书颁发机关组织进行的定期和不定期的监督评审或者检查。省级资质证书颁发机关监督评审的结果应当抄报安全监管总局。

2）安全监管总局可以对乙级机构进行不定期的监督评审或者检查。经委托各省级安全生产监督管理部门或者煤矿安全监察机构可以对本行政区域内甲级机构进行监督检查。

3）检验检测机构应当在每年一月份向资质证书颁发机关报送上一年度的工作总结和本年度的工作计划；乙级机构工作总结和工作计划由所在地省级安全生产监督管理部门或者煤矿安全监察机构汇总后抄报安全监管总局。

4）检验检测机构有下列情形之一的，由资质证书颁发机关注销其检测检验资质：

A. 资质有效期届满未申请换证或者未批准换证的；

B. 机构依法终止的；

C. 资质依法被撤销的；

D. 不宜继续认定资质的其他情形；

E. 被注销资质的机构应当自决定注销其资质之日起 7 日内将资质证书和相关印章交还资质证书颁发机关，并不得继续以检测检验机构名义从事相关业务活动。

F. 安全生产监督管理部门、安全监察机构工作人员不得干扰检测检验机构的正常活动，不得以任何理由或者方式向检测检验机构收取费用或者变相收取费用。除另有规定外，不得强行要求生产经营单位接受指定的检测检验机构开展检测检验工作。在检测检验资质管理工作中滥用职权、玩忽职守、徇私舞弊的，依照有关规定给予行政处分；构成犯罪的，依法追究刑事责任。

G. 检验检测单位对有关安全生产监督管理部门、安全监察机构所作出的处理决定有权提出申诉。任何单位和个人对违反本规定的行为，有权向安全生产监督管理部门、安全监察机构举报，安全生产监督管理部门、安全监察机构应当认真核实、处理，并为举报人保密。

（2）检验检测单位针对机械检测机构的安全管理

1）机械检测机构的组织机构

A. 机械检测机构独立性的保证：检测机构在检测业务行文、签立检测合同、检测计划管理、检测活动安排领域里具有相对的独立性，检测任务不受任何行政干预；检测机构资金运作实行独立核算。

B. 组织机构

（A）检测机构的建制：决策者（最高管理者、质量负责人、技术负责人）；贯彻层（综合部主任、监督员、内审员、报告审核员）；执行层（检测部主任、仪器设备管理、资料管理员、样品管理员、检验员）。

（B）部门管理职责及权限：综合部（负责协助领导、质量负责人、技术负责人做好人事管理，行政管理，业务接待，计划管理，文档资料管理、样品管理、设施设备管理，发送检验报告，代收检测费用，投诉处理等项工作）；检测部（在技术负责人领导下做好执行检测计划，开展检测活动。进行设施和仪器设备的日常维护。

2）机械检测机构的职责

A. 对进入建设工程施工现场的建筑起重机械进行安装质量检测和检验，积极宣传安全生产的方针、政策和建筑起重机械安全法规，督促有关单位贯彻执行。

B. 制定或参与审定有关建筑起重机械的安全技术规程、标准。

C. 要对建筑起重机械制造、安装单位进行检查，发现违规行为时，有权通知该单位予以纠正。

D. 检查建筑起重机械的使用情况，有权制止违章指挥、违章操作行为。检查中发现不安全的因素的，发出《整改通知书》，要求使用单位解决；逾期不解决或有发生事故的危险时，有权通知停止该设备的运行。

E. 有权制止无证操作建筑起重机械的使用，有权参加或进行建筑起重机械的事故调查，提出处理意见。

3）机械检测机构的安全管理制度内容

A. 现场检测管理制度

（A）目的：为保证现场检测结果的有效性，特编制本制度。

（B）范围：现场检测环境的控制要求、现场环境的监控、影响现场检测时的隔离措施。

（C）职责：检验负责人（制定现场环境控制目标、监理监控措施和手段、决定实施应急隔离措施）；检验员（负责记录检测环境的监控数据）。

（D）程序：

a. 人员和设备的安全：检验人员进入工程现场进行检验时必须佩带安全防护设施；进入现场的仪器设备必须配有防漏电插销板和电源电压检测仪表，以及仪器设备防水、防尘口罩及防震措施等。

b. 现场检验的环境要求：

（a）开展现场检验时，检验负责人应组织携带全部检测仪器设备和环境检测设备；检验负责人在制定禁言实施方案时，应根据所用仪器设备的使用条件和对被测对象的测量要求制定出现场检验时的极限环境条件和条件保障；对有条件和限制的检验活动，到现场检验时，检验负责人应组织佩戴相应的检测设备；到达现场作业区后，检验负责人应首先安排架设环境检测设备，开展对检验环境条件是否达到要求进行定量评价。

（b）在确认环境符合检验要求后，检验负责人向委托人提出配合要求，对各种条件保障进行核查。当确认各种环境和条件已满足检验要求后，即可组织实施现场检验。

（c）检测中应注意观测和记录环境条件的变化情况。当环境条件超出了规定的要求时，检验负责人应责令停止检测作业，直至环境条件恢复到符合检测规定的程度。对难以控制的环境条件，检验活动应考虑在时间和地域上实施隔离。以保证检验结果的有效性。

（d）检验活动中，检验员除了应当记录检测数据和环境检测结果，还应记录被测对象的详细情况和仪器设备的使用情况。

（e）现场仪器设备使用人必须检查仪器设备的完好性。

c. 检验环境的隔离：当环境监测结果显示环境条件达不到检验要求时，检验负责人应决定停止检验。并希望做好必要的条件保障；当现场环境持续达不到检验要求时，应停止现场检验计划实施。可请委托人考虑可否改变检验方法。如实施在实验室中的模拟检验或其他方式。

B. 检测安全作业管理制度

(A) 目的：为规范现场检测作业的安全管理，保证安全生产。

(B) 范围：适用于实验室全部检测工作的安全管理。

(C) 职责：最高管理者对检测作业安全负最高领导责任；技术负责人负责组织检测作业人员的安全教育和技术培训工作；监督员负责检测作业安全监督工作。确保检测作业安全进行；检验员要严格执行有关规章制度，保证安全生产。

(D) 程序：

a. 检测作业人员需具备的条件（检测作业人员应当经过专业培训，考核合格后持证上岗；凡离开检测作业工作岗位半年以上的检测作业人员，必须经审查合格后方可从事检测作业；从事检测作业人员必须具有高中或相当于高中以上学历，从事检测工作一年以上，身体状况良好，没有妨碍从事本工种作业的疾病和生理缺陷）。

b. 现场检测安全管理

(a) 检测人员进入工程现场进行检测时必须佩戴（安全帽、安全带、防滑鞋、工作服等）安全防护设施，必要时还应佩戴防尘口罩。

(b) 参与现场检测的人员在开始检测前感觉身体不适，不论出于何种原因，应立即向检测负责人报告，申请调换人员并及时就医，补办请假手续。

(c) 在工程现场，检测人员及车辆应避免在现场吊运物体下方经过或停留，进入现场的仪器设备必须配有防漏电插销板和电源电压检测仪表，以及仪器设备防水、防尘护照及防震措施等；检测人员在施工区域行走时应注意安全，如经过临边、洞口、电梯口及楼梯口时应看清环境情况，在确保安全的情况下通过。避开伸出的脚手管、木板上的朝天钉及其他危险物体。

(d) 进行高处作业需上下联络时，必须配置对讲装置；登高作业时应谨慎小心，对爬梯、栏杆、钢网板，塔机变幅小车等物体，应采用试抓或试踩的方法，确保其能承受自身重量且不致发生危险；高处作业时身体不得依靠在栏杆上；应通过爬梯攀爬到高处，严禁攀爬钢结构；乘坐变幅小车前、登上塔机或升降机轿厢前，应与驾驶人员沟通联络方式，确保联络畅通并不致引起误解。

(e) 测量绝缘电阻时，应断开总电源，必要时可采用电笔或仪表测量等方法，在确保被测物不带电的情况下方可进行测量工作；在进行力矩限制器、重量限制器等需要起吊重物的作业时，必须在作业现场设置警戒线并有专人看护，无关人员一律不得进入。

(f) 遇恶劣天气（如大风、雨、酷暑、严寒等），应暂停登高作业，酒后严禁登高作业，进入工程现场不得吸烟。

(g) 监督人员在现场监督、检查检测作业过程中，发现不安全情况时要立即纠正，检测作业人员在作业过程中发现事故隐患或其他不安全因素，应当立即采取有效措施或停止工作，并向监督人员和部门负责人报告。

(3) 机械检测工作的管理

1) 机械检测工作人员的配备

A. 为满足安全质量目标，检测机构应有充足的人员，并对人员的能力进行适时地培训，对关键岗位的人员实施上岗资格考试制，检测机构一般必须配备的人员（技术负责人、质量负责人、监督员、内审员、检验员、仪器设备管理员、资料管理员、样品管理员、报告审核员)，以上人员均应符合任职资格。

B. 检测机构要制定《人员培训控制程序》、确保对各类人员进行适当及时的培训。培训可以是检测机构组织的内部培训和派往培训机构接受外部培训。

(A) 对人员培训按年度计划进行，人员的培训分为上岗培训和业务的持续培训。

所有检测人员应经过培训考核取得相应的上岗证方可出具有效的检测数据；

(B) 培训记录列入人员技术档案，检测机构应建立全部人员的技术档案包括人员的培训记录和资质的相关证明。应在每年的人员培训总结中对培训实施的有效性进行总结；

(C) 岗位人员应有自我培训效果的总结，对各个岗位人员培训须分为近期和远期要求，订立计划并按不同的岗位要求和本身状况实施培训。岗位人员应有自我的培训效果总结。管理评审也要对人员培训的效果做出评价

(D) 检测机构在使用岗位人员和签约人员时，应确保这些人员对检验检测工作的胜任能力，且要随时监督，并按照实验室管理体系要求工作。

2) 机械检测申请受理

A. 起重机械装拆基本要求：

(A) 装拆企业应当具备与所装拆起重机械相匹配的资质条件。

(B) 装拆企业应取得安全生产许可证，有经过总承包、监理单位审批的专项施工方案。

(C) 装拆企业的主要负责人、项目负责人、专职安全生产管理人员应持有安全生产考核合格证书；装拆工程应签订书面合同、安全协议。

(D) 现场作业人员应具备相应的资格条件。

(E) 起重机械部件应保持完好，安全装置应齐全有效。

B. 起重机械 IC 卡及其申领

(A) 机械检测机构要负责 IC 卡的申领受理和发放，IC 卡应由机械设备的产权单位申领，申领 IC 卡时，设备产权单位应提交下列资料：产品制造企业对应于该产品的《工业产品生产许可证》、该产品的使用说明书、出厂合格证、购货发票以及 IC 卡申领书(设备产权单位盖公章，法人代表签字)。

(B) 设备产权单位应妥善保管 IC 卡，并将统一编号牌放置在相应设备的规定位置，建筑机械每次安装或拆卸，装拆单位均应持 IC 卡到机械检测机构登录机械设备动态管理网输入相关信息。

(C) 机械检测机构审验上述资料后，符合条件的发放 IC 卡和统一编号牌。

C. 初次检测的申请和受理

(A) 安装完毕后，安装单位对安装质量，机构运行情况和安全装置的有效性进行自检，并填写自检合格证明材料。

(B) 安装单位自检合格后，应凭该起重机械的 IC 卡和《安装质量检测(验收)资料汇总表》，向检测机构申报安装质量检测。检测机构在接到安装单位的申报以后，即予以登记，一般将在 2 个工作日内前往设备所在工地进行检测工作。

(C) 中间检测的申请和受理

a. 每台起重机械至少进行一次中间检测(不加节且使用周期小于 3 个月的除外)。

b. 需要加节的起重机械使用后第一次加节附着前 5 天，不需要加节的使用 3 个月后，

向检测机构申请中间检测。

c. 检测机构在接到安装单位的申报以后，即予以登记，一般将在 2 个工作日内前往设备所在工地进行检测工作。

注：以上指的工作日不包含法定节、假日，以及会影响检测工作进行的恶劣气候日。

（D）检测工作的实施

a. 检测机构将于检测日的前 1 个工作日，通知被检企业。

b. 检测人员进行检测时，有关单位必须配备机械操作人员及管理人员协助工作。检测人员在对机械设备检测时，如发现隐患或存在问题，将开具整改通知书，要求安装单位在限定的整改期内作出整改，被检企业代表如对整改通知书上内容无异议，应签字认可。

（a）整改通知书必须加盖检测机构公章，并有主检人员签字方为有效，否则被检单位可拒绝签收。

（b）被检单位如对整改内容有异议，应立即向检测机构申请复议，对重大隐患应先停止机械设备的使用，书面告知检测机构复检，检测机构应及时安排其他检测人员进行复检，此次检测结论即为最终结论；被检单位在接到整改通知书以后，必须在整改通知书限定的整改期内完成整改。

（c）针对在检测中，机械设备存在重大事故隐患的，检测人员在签发的整改通知书中将注明该机停止整改，则该设备在检测机构未复检合格前不得使用。

（d）被检单位如在整改期内不能完成整改工作的，也需在接到整改通知单 3 日以内，以书面形式告知检测机构，要求延长整改期限，一般申请延长期不得超过原整改期 10 天。

五、施工单位安全内业管理

（一）施工单位满足安全生产条件的安全内业管理

1. 施工单位满足安全生产条件的安全内业管理规定

（1）施工单位应接受建设单位、监理单位及建设行政部门对内业资料的审查。

（2）施工单位需要提供施工单位的资质等级证书、安全生产许可证、安全生产管理制度以及对已经发生的安全事故的处理和整改情况的说明等内业资料，证明施工单位具备安全生产条件。

（3）施工单位应建立安全生产责任制度，涉及的安全内业资料的管理如下：

1）企业和项目部建立各级、各职能部门及各类人员的安全生产责任制，装订成册。

2）总分包单位之间、企业和项目部均应签订安全生产目标责任书，并将各项责任目标落实到操作人员。责任书的内容应明确安全生产指标，有针对性的安全保障措施和双方安全施工责任及奖惩办法。同时，报建设单位、监理单位审查。

3）施工单位应将施工现场各工种安全技术操作规程装订成册，以便查询和使用。

4）施工单位应做好施工现场安全人员名单的内业资料管理，具体包括：施工现场凡职工人数超过 50 人的，需提供专职安全员名单；建筑面积 1 万 m^2 以上的，需提供 2 至 3 名专职安全员名单；5 万 m^2 以上的大型工地，要按专业设置专职安全员，提供安全管理组人员名单。并报建设单位、监理单位以及当地行政主管部门审查备案。

5）施工单位应建立企业和项目部各级、各部门和各类人员安全生产责任考核制度，做好考核结果书面记录。

（4）施工单位应建立建筑施工项目安全防护、文明施工措施计划。并根据措施费的使用计划和实际发生情况，填报安全防护、文明施工措施费支付申请单，并附上有效单据或凭证，报建设单位、监理单位以及当地行政主管部门审查备案。包括：文明施工与环境保护措施，临时设施计划以及安全施工计划。

（5）施工单位应建立安全生产资金保障制度，同时应保留安全劳防用品资金落实凭证，安全教育培训专项资金落实凭证，保障安全生产的技术措施资金落实凭证。并报建设单位、监理单位审核备案。

（6）施工单位应建立安全教育培训制度：

1）施工单位应保留明确从业人员安全教育培训要求的凭证，提供安全教育培训计划，并做好安全培训活动的记录。

2）施工单位应设立施工现场安全教育岗位，明确教育人员和安全教育的具体内容。

3）施工单位应根据本企业、所在项目和班组的具体情况建立职工三级安全教育卡，应根据安全教育工作的实际情况详细填写。

4）针对施工单位待岗、转岗、换岗的职工，企业应在职工重新上岗前建立安全培训制度。

5）施工单位应保留企业内专职安全员的年度培训考核凭证。

（7）施工单位应建立企业和项目部定期安全检查制度，需要提供的安全内业资料如下：

1）企业、项目定期及日常、专项、季节性安全检查的时间安排和实施要求。

2）施工单位应保留对施工安全隐患的整改、处置和复查的要求。

3）施工单位应保留隐患处置、复查的记录或隐患整改的记录。

4）施工单位应保留各种安全检查记录，查出的事故隐患复查情况记录，整改回执单。

2. 施工单位满足安全生产条件的安全内业管理要素

（1）安全管理方面的责任

1）施工单位应当设立安全生产管理机构，配备专职安全生产管理人员，进行现场监督检查。

2）施工单位应对主要负责人和安全生产管理人员进行安全教育培训，使其具备安全生产知识和管理能力。

3）施工单位在有较大危险因素的生产经营场所和有关设备上应设置明显的安全警示标志；并应在施工现场按规定采取相应的消防安全措施。

4）施工单位应为现场工作人员配备劳动防护用品，并监督、教育其按使用规则佩戴、使用。劳动防护用品是保护劳动者在劳动过程中的安全与健康的防御性装备。

5）在施工过程中，常常会涉及特殊设备以及很多工艺、设备、材料。施工单位必须对它们的使用安全负责。

（2）安全投入方面的责任

1）安全投入是投入安全活动的一切人力、物力和财力的总和。安全投入一般包括安全专职人员的配备、安全与卫生技术措施的投入、安全设施维护、保养及改造的投入、安全教育及培训的花费、个体劳动防护及保健费用、事故救援与处理费用等。安全活动的正常进行必然需要一定的投入，施工单位应保证该方面的资金投入。

2）施工单位应当依法取得相应等级的资质证书，并在其资质等级许可的范围内承揽工程。

3）禁止施工单位超越本单位资质等级许可的业务范围或者以其他施工单位的名义承揽工程。禁止施工单位允许其他单位或者个人以本单位的名义承揽工程。

4）施工单位不得转包或者违法分包工程。

5）施工单位对建设工程的施工质量负责。

6）施工单位应当建立质量责任制，确定工程项目的项目经理、技术负责人和施工管理负责人。

7）建设工程实行总承包的，总承包单位应当对全部建设工程质量负责；建设工程勘察、设计、施工、设备采购的一项或者多项实行总承包的，总承包单位应当对其承包的建设工程或者采购的设备的质量负责。

8）总承包单位依法将建设工程分包给其他单位的，分包单位应当按照分包合同的约定对其分包工程的质量向总承包单位负责，总承包单位与分包单位对分包工程的质量承担连带责任。

9）施工单位必须按照工程设计图纸和施工技术标准施工，不得擅自修改工程设计，不得偷工减料。

10）施工单位在施工过程中发现设计文件和图纸有差错的，应当及时提出意见和建议。

11）施工单位必须按照工程设计要求、施工技术标准和合同约定，对建筑材料、建筑构配件、设备和商品混凝土进行检验，检验应当有书面记录和专人签字；未经检验或者检验不合格的，不得使用。

12）施工单位必须建立、健全施工质量的检验制度，严格工序管理，作好隐蔽工程的质量检查和记录。隐蔽工程在隐蔽前，施工单位应当通知建设单位和建设工程质量监督机构。

13）施工人员对涉及结构安全的试块、试件以及有关材料，应当在建设单位或者工程监理单位监督下现场取样，并送具有相应资质等级的质量检测单位进行检测。

14）施工单位对施工中出现质量问题的建设工程或者竣工验收不合格的建设工程，应当负责返修。

15）施工单位应当建立、健全教育培训制度，加强对职工的教育培训；未经教育培训或者考核不合格的人员，不得上岗作业。

（3）安全生产责任制

1）对施工单位各级人员的安全生产责任制：如公司经理、总工程师、项目经理、施工员、质检员、安全员、材料员、班组长、生产工人等均应建立安全生产责任制。

2）对施工单位安全体系中各职能部门的安全生产责任制：如技术部门、生产部门、安全部门、劳动部门、人事部门、行政部门等也应建立相应的安全生产责任制。

3）施工总包与分包单位的安全生产责任制。在经济承包合同中应有安全承包指标明确各自应负的主要责任与奖罚事项。

（4）目标管理

1）安全管理目标，表达了施工现场安全管理的总体目标和具体分解情况，是安全生产保证体系运行过程中的一项控制指标。

2）安全管理目标通常包括：

A. 伤亡控制指标；

B. 安全标准化工地创建目标，也就是安全达标；

C. 文明施工创建目标；

D. 遵循安全生产和文明施工方面的有关法律、法规和规章的承诺；

E. 其他需满足的目标等；

F. 安全管理目标应自上而下层层制定并分解。公司应制定总的安全管理目标，项目经理部应依据公司的总目标制定项目部安全管理目标，将目标分解到人。公司应与项目部签订安全生产责任书，项目部应制定出年、季、月、安全生产考核表并落实。

（5）施工组织设计

1）编制施工组织设计或施工方案就是编制指令性的施工技术文件，而安全技术措施是施工组织设计（或施工方案）的重要组成部分。施工安全技术措施是具体指导安全施工的规定，又是检查施工是否安全的依据。

2）要根据本单位工程的结构特点、施工条件、施工方法、选用的各种施工机械设备以及施工用电线路、电气装置设施、施工现场及周围环境等因素从以下几个方面编制单位工程安全施工方案或安全技术措施：

A. 基坑支护与降水工程；

B. 土方开挖工程（超过 5m，含 5m，未超过 5m 的应编制安全技术措施和防护措施）；

C. 模板工程；

D. 起重吊装工程。

（二）施工单位在机构与人员管理方面的安全内业管理

1. 施工单位在机构与人员管理方面的安全内业管理规定

（1）施工单位需要提供企业安全管理组织结构网络图、文明施工组织机构、职业健康安全组织机构、消防和保卫组织机构以及安全管理人员名册，并报监理单位审核备案。

（2）施工单位需要对分包单位资质和人员资格进行管理，需要分包单位提供的安全方面的内业资料包括：

1）施工单位应保留分包单位资质证明及提供施工现场安全控制的要求和规定。同时，提供符合安全管理要求的合格分包商名录。

2）施工单位需保留 50 人以上规模的分包单位所配备专、兼职安全生产管理人员的名单。

（3）施工单位在与供应单位的合作中，应对以下内业资料进行管理：

1）针对安全设施所需材料、设备及防护用品的供应单位，施工单位应提供安全管理记录，合格分供方的名录以及供应材料施工现场的安全管理方案。

2）施工单位应保留安全设施所需材料、设备及防护用品供应单位的生产许可证或行业有关部门规定的证书。

3）上述资料应报监理单位审查备案。

（4）施工单位应在分包合同中规定安全生产方面的权利和义务。

（5）施工单位应针对新岗位及新施工现场提供相应的作业人员的培训记录；针对新技术、新工艺、新设备、新材料对作业人员的安全生产教育培训记录。

（6）施工单位针对特种作业应对以下内业资料进行管理，相应资料应报监理单位审核备案：

1）建立特种作业人员和中小型机械操作工名册。

2）施工单位应保留特种作业人员操作资格证书。

3）施工企业的特种作业人员经变换工作单位加入本企业的，必须有调动手续，与施工单位签订聘用合同。

2. 施工单位在机构与人员管理方面的安全内业管理要素

（1）项目组织机构岗位职责设立管理

1）项目经理

A. 受企业委托，代表企业实施施工项目管理，全权履行本工程合同职责与条款，代表企业履行合同规定的任务。

B. 贯彻执行国家、地方政府的有关法律、法规、方针、政策和强制性标准，执行企业管理制度。

C. 全面负责本工程工期、质量、安全、文明施工及成本等目标跟踪管理，协调和监督各职能部门的运作状况，对项目整体的管理进行规划，对进入现场的生产要素进行优化配置和动态管理。

D. 在授权范围内负责与企业管理层、劳务作业层、协作单位、发包人、劳务分包人和监理工程师等的协调，解决项目中出现的问题。

E. 主持项目工作会议，审定和签发对内对外的重要文件。参加业主、总包、监理召开的现场会，执行会议决定的有关工程事项。

2）项目执行经理（项目副经理）

A. 负责本工程生产管理，根据施工进度，安排各项施工生产任务。注重施工进度关键线路，把握分部分项工程节点工期，保证工期目标的最终实现。

B. 主持内部生产会议，协调和解决施工生产难点和矛盾，确保工程顺利进行。参加业主方主持的工程会议，协调劳务分包商的穿插工序，提供必要的方便施工的条件。

C. 按照本工程的物资准备计划和机械进、退场计划，并结合工程进度，分阶段组织物资的采购、调配和进场，以及设备的进、退场，保证施工顺利进行。督促和检查分管的职能部门工作，调动职能运作活力。

3）项目技术负责人

A. 认真贯彻执行国家颁布的有关技术规范、规程和标准。

B. 主持和组织本工程施工详图的内部会审，汇集图纸质疑事项，提请设计院澄清和解决。

C. 主持本工程施工组织设计的编制，并注重实施过程中的改进措施。

D. 对施工范围内的工程进行技术管理，编制施工方案及作业指导书，编制与调整各级施工进度计划等。

E. 注意现场安全生产动态，布置各项安全设施，并对项目安全生产负技术责任。负责项目工程技术管理工作，按照相关技术管理规定，参加或主持工程项目的设计交底和图纸会审，作好会审记录，参与或主持项目的施工组织设计的编制及修订工作。

F. 规划施工现场及临时设施的布局。主持处理施工中的技术问题，参加质量事故的处理和一般质量事故技术处理方案的编制。

G. 负责项目承建工作的设计变更、材料代用等技术文件的处理工作。

H. 组织除地基基础分部和主体分部以外的分部分项工程质量验收工作。

4）安全员

A. 对施工过程中的生产安全、文明施工、临建、消防、保卫等进行综合管理，建立安全责任制，监督特种作业持证上岗。

B. 对进场工人进行安全知识教育，并在施工前进行安全技术交底。在项目上督促执行安全责任制。在现场设置安全标志。定期进行安全检查，对事故隐患督促整改。

C. 协助上级主管部门处理各种工作事故。及时向项目经理汇报项目安全状况。项目经理交办的其他任务。

5）质检员

A. 对施工范围内的工程质量进行跟踪监督与控制，随时掌握各分项工程的质量情况，并建立工程质量档案。熟悉并掌握设计图纸、施工规范、规程、质量标准和施工工艺，执行国家颁发的关于建筑安装工程质量检评标准和规范。

B. 负责专业检查，随时掌握各项工程施工质量情况，协助施工员完成过程质量控制。

C. 负责对管辖的工程项目的分部质量情况进行评定，建立所管辖工程质量档案，定期向技术负责人和上级质量检验部门上报质量情况。

D. 对不合格品要及时上报技术负责人，监督施工员制订纠正措施，并协助上级进行损失评估和质量处罚。

E. 项目经理交办的其他任务。

6）施工员

A. 参加编制施工作业计划，协助提出完成施工作业计划的具体措施，并监督检查施工作业计划的执行情况及解决执行中存在的问题，编制施工计划后报项目经理综合平衡。

B. 熟悉并掌握设计图纸、施工规范、规程、质量标准和施工工艺，向班组工人进行技术交底。

C. 按施工方案、技术要求和施工程序组织施工，制定专项工程的作业指导书，并负责指导实施。

D. 合理调配劳动力，及时检查，掌握工作中的质量动态情况，组织操作工人进行质量的自检、互检。

E. 检查班组的施工质量，制止违反工序要求和规范的错误行为。

F. 参与上级组织的质量检查评定工作，并办理签证手续。

G. 对因施工质量造成的损失，要迅速调查、分析原因、评估损失、制定纠正措施和方法，经上级技术负责人批准后及时处理。

H. 负责现场文明施工及安全措施的实施。

7）机电管理员

A. 根据施工要求，提出设备需用计划，并提交设备租赁公司（站）和其他有关部门。

B. 办理机械进场手续。

C. 负责机械设备的使用、维修和日常保养工作，对未能解决的设备维修，及时报设备租赁公司（站）协助解决。

D. 负责机械设备安全措施的落实。

E. 督促机操工填写机械运转记录并审核。对劳务分包商机械设备是否按施工平面图、现场文明施工规定布置，是否符合安全规定进行督促检查。

8）材料员

A. 按施工进度计划平衡后编制材料分阶段使用计划，并向料具租赁公司（站）申报。

B. 负责落实材料半成品外加工订货的质量和供应时间。

C. 规定现场材料使用办法及重要物资的贮存保管计划。

D. 对进场材料的规格、质量、数量进行把关验收。

E. 负责现场料具的验收、保管、发放工作，按现场平面布置图做好料具堆放工作。

F. 做好领料单的审核、发料和结算工作，建立工程耗料帐，严格控制工程用料。

G. 制定降低材料成本措施并执行。

H. 做好对劳务分包单位及业主提供物资的登记、检查和验收手续。

I. 及时收集资料的原始记录，按时、全面、准确上报各项资料。

9）试验员

A. 编制试验计划。对送检样品进行取样、送检。

B. 确定现场施工配合比。

C. 负责现场试验工作并保存取样记录及各种试验资料。

10）技术员

A. 学习贯彻执行国家及上级有关技术政策、技术标准以及技术管理制度。

B. 参加编制项目管理实施规划，以及特殊分部分项工程作业设计。

C. 参加设计交底、图纸会审以及技术交底工作，同时办理有关记录及会签工作。

D. 负责办理工程设计修改和技术变更核定手续，并及时下发到有关人员手中，参加工作项目的隐蔽验收，处理工程施工中的一般技术问题。

E. 参加工程项目技术开发和技术推广计划的编制与实施工作，负责有关技术资料的收集、整理及上报工作。

F. 负责竣工图的绘制及工程档案资料的收集、整理、上报工作，参加工程项目技术总结工作。

11）资料员

A. 对施工技术资料进行收集、整理、汇编成册。

B. 负责项目文件收集、发放及存档。负责信件、来函或图纸的传递与存档。

（2）人员配置要求管理

1）注册建造师（项目经理）

A. 取得资格证书的人员，经过注册方能以注册建造师的名义执业。

B. 注册建造师以建造师的名义担任建设工程项目施工的项目经理。大中型工程施工项目负责人必须由本专业注册建造师担任，一级注册建造师可担任大、中、小型工程施工项目负责人；二级注册建造师可以承担中、小型工程施工项目负责人。

C. 注册建造师不得同时在两个及两个以上的建设工程项目上担任施工项目负责人。分期开发的同一建设项目，由施工单位提出申请并经建设主管部门批准后，可由同一套项目班子担任项目的现场管理岗位职责。

D. 注册建造师不得超出其相应的执业范围和聘用单位业务范围，担任项目负责人。

2）专职安全生产管理人员

参照《建筑施工企业安全生产管理机构设置及专职安全生产管理人员配备办法》，现场专职安全生产管理人员的配置为：

A. 建筑工程、装修工程按照建筑面积：

a. 1 万 m^2 及以下的工程至少 1 人；

b. 1 万～5 万 m^2 的工程至少 2 人；

c. 5 万 m^2 以上的工程至少 3 人。且按专业配备专职安全生产管理人员。

B. 土木工程、线路管道、设备按照总造价：

(A) 5000 万元以下的工程至少 1 人；

(B) 5000 万～1 亿元的工程至少 2 人；

(C) 1 亿以上的工程至少 3 人，应当设置安全主管，按土建、机电设备等专业设置专职安全生产管理人员。

3) 施工员

现场施工员必须配备，可由企业根据建设工程的规模及施工进度等配置，并在建设工程质量安全监督注册申报表中予以明确（配备一名以上）。

4) 岗位人员的管理

A. 人员解锁：当工程项目通过竣工验收备案之日起，即时释放被锁定的人员的所有项目管理人员。

B. 申请人员提前解锁：当工程同时符合以下条件时，且项目人员确有其他工作安排的，由企业提出申请，监理单位及建设单位同意，经监督小组核准后，可予以提前解除锁定人员。但所有项目管理人员应继续履行岗位职责至工程竣工验收备案完成为止，期间由于项目管理人员不履行职责导致工程不能完成所有建设程序的一切后果，由建设单位及各参建单位负责。如遇特殊情况的视企业申请的原因，由相关部门讨论决定。

(三) 施工单位的安全技术内业管理

1. 施工单位的安全技术内业管理规定

(1) 对建筑施工的危险源控制，施工单位应做好危险源识别和评价记录，对重大危险源进行控制策划以及建立安全管理档案，施工单位还应做好重大危险源的应急预案，并按程序报送建设单位。

(2) 施工单位需提供施工组织设计（方案），主要包括以下内业资料：

1) 施工组织设计（方案）编制审批制度。

2) 施工组织设计（方案，包括修改方案）审批记录。

3) 施工组织设计的编制，主要包括安全技术措施和施工现场临时用电方案，对一定规模的危险性较大的分部分项工程编制专项施工方案，并附以安全验算结果。

4) 在编制施工组织设计（施工方案）时，根据工程的施工工艺和施工方法编写安全技术措施。

5) 针对工程专业性较强的项目，如打桩、基坑支护与土方开挖、支拆模板、起重吊装、脚手架、临时施工用电、塔式起重机、物料提升机、外用电梯等，编制专项安全施工组织设计。

6) 施工过程中更改方案的，应经原审批人员同意并形成书面方案。

(3) 对专业性强、危险性大的施工项目，施工单位应提供专项安全技术方案（包括修改方案），相关内业管理要求如下：

1) 施工单位的专项安全技术方案（包括修改方案）必须经有关部门和技术负责人审核，施工单位保留审批记录。

2) 施工单位需保留专项安全技术方案进行计算和图示的记录。

3) 施工单位应保留组织方案编制人员对方案（包括修改方案）的实施进行交底、验收和检查的记录。

4）对危险性较大的作业进行安全监控管理的记录。

（4）施工单位需建立详细的安全技术交底制度及相关规定，具体安全内业资料管理的要求如下：

1）施工单位应建立安全技术交底制度，其中固定作业场所的工种可定期交底，非固定作业场所的工种可按每一分部（分项）工程或定期进行交底，新进场班组必须先进行安全技术交底再上岗。

2）建立建筑施工企业各级安全技术交底的相关规定。

3）施工单位应保留各级安全技术交底记录。

4）安全技术交底内容应包括：工作场所的安全防护设施，安全操作规程，安全注意事项。

（5）施工单位应以施工项目为单位，提供涉及施工安全的全部技术标准、规范和操作规程。

（6）施工单位应对施工过程中使用的安全设备和工艺的选用做好记录，同时保留该记录以便查询。

（7）施工单位应提供危险岗位的操作规程以及说明违章操作的危害，同时应该保留危险岗位作业人员对场地作业条件、作业程序和作业方式中存在的安全问题反馈的文档。

2. 施工单位的安全技术内业管理要素

（1）安全技术资料管理

1）在施工程项目的安全技术资料工作实行项目经理负责制，由项目负责人安排专人（安全资料员）进行收集、整理。

2）基层分公司安全技术部门负责施工单位在建工程项目安全技术资料的日常审核把关，集团公司安全技术部进行重点检查和随机抽查。

3）施工组织设计中的安全技术措施和各类专项安全施工方案，应在该项工程施工前7日内完成编制工作，方案的编制必须具有针对性，严禁方案与现场实际出现两张皮的不相符现象。

4）施工组织设计中的安全技术措施和各类专项安全施工方案必须经各相关部门进行审批，审核合格后方可用于指导工程施工。并将各专项方案报集团公司安全技术部备案留存。

5）项目经理部的作业人员和管理人员上岗前必须进行安全教育培训，考核合格后方可上岗。培训教育应保存相关试卷及名册。（详见安全教育培训制度）

6）项目经理部必须做好安全技术交底工作。交底必须履行双方的签字手续，未进行安全技术交底不允许作业。

7）安全技术资料整编过程中，安全资料员应针对施工现场发生的各类安全技术资料及时收集汇总成册。

8）对安全资料不齐全、内容不真实、不及时进行整编的项目工地，取消参加文明工地评选的资格，并对该基层分公司取消参加评选安全先进的资格。

9）基层分公司对安全技术资料的整编情况应进行检查，检查频次为每月不少于一次，集团公司每季度不少于一次，并对查出的问题下达整改通知单，项目经理部应按整改时限要求进行整改，并报检查部门进行复验。

10）对不按时限要求进行整改或拒绝执行或整改后仍不符合要求的项目工地，停止为其办理相关手续，并按企业《安全生产奖惩制度》实施相关处罚。

（2）施工单位安全技术交底管理

1）施工单位应根据建设工程项目的特点，依据建设工程安全生产的法律、法规和标准，建立安全技术交底文件的编制、审查和批准制度。

2）安全技术交底文件应有针对性，由专业技术人员编写，技术负责人审查，施工单位负责人批准；编写、审查、批准人员应当在安全技术交底文件上签字。

3）工程项目施工前，必须进行安全技术交底，被交底人员应当在文件上签字，并在施工中接受安全管理人员的监督检查。

4）安全技术交底资料应包括：

A. 土方工程施工安全技术交底；

B. 混凝土工程施工安全技术交底；

C. 钢筋工程施工安全技术交底；

D. 模板工程安全技术交底；

E. 砌筑工程施工安全技术交底；

F. 钢结构吊装工程安全技术交底；

G. 钢管外脚手架安全技术交底。

5）土方工程施工安全技术交底：

A. 要严格按照设计要求和施工方案的规定进行作业。

B. 土方开挖的顺序、方法必须与设计工况相一致，并遵循“开槽支撑，先支撑后挖，分层开挖，严禁超挖”的原则。

C. 基坑槽、管沟土方开挖过程中，依设计要求为依据或规范要求为依据，对基坑变形进行监控。

D. 基坑边界周围地面应设排水沟，对坡顶、坡面、坡脚采取排水措施。

E. 基坑周边严禁超堆荷载。

F. 基坑开挖过程中，应防止碰撞支护结构、工程桩；应随时注意土壁变动的情况，发现有裂缝等异常现象，必须暂停施工，报告项目经理进行处理。

G. 挖土方时，如发现有不能辨认的物品或事先未预见到的情况时，应及时停止作业，报告上级处理。

H. 对土方开挖后不稳定或欠稳定的边坡，应根据边坡的地质特征和可能发生的破坏情况，采取自上而下，分段跳槽，及时支护的逆做法或部分逆做法施工。严禁无序开挖，大爆破作业。

I. 人工吊运泥土，应检查工具、绳索、钩子是否牢靠，起吊时下方不得有人。

J. 在基坑或深井下作业时，必须戴安全帽。

K. 基坑四周必须设 1.5m 高的防护栏杆，防护栏杆距基坑距离不小于 1m。

6）混凝土工程施工安全技术交底

A. 浇灌混凝土前必须先检查模板支撑的稳定情况，特别要注意检查用斜撑支撑的悬臂构件的模板的稳定情况，浇筑混凝土过程中，要注意观察模板支撑情况，发现异常，及时报告。

B. 水平运输通道旁预留洞口，电梯井口，必须检查完善盖板、围护栏杆。高处临空搭设车道必须稳固，两侧设围护栏杆，推车或机动翻斗车倒混凝土时，应有挡车措施，不得过猛或撒把。

C. 振捣器电源线必须完好无损，供电电缆不得有接头，混凝土振捣器作业转移时，电动机的导线应保持足够的长度和松度。严禁用电源线拖拉振捣器。作业人员必须穿绝缘鞋，戴绝缘手套。

D. 浇筑混凝土所使用的桶、槽必须固定牢靠，使用窜桶，窜桶间应连接牢靠，操作部位设防护栏杆，严禁站到桶槽帮上操作。

E. 用泵送混凝土时，输送管道接头必须紧密可靠不漏浆、安全阀完好，管道架子牢靠，输送前先试送，检修时必须卸压。

F. 浇灌框架、梁、柱混凝土时，必须设操作平台，严禁站在模板或支撑上操作。

G. 浇筑圈梁、雨篷、阳台混凝土必须搭设脚手架，严禁站在墙体或模板帮上操作。

H. 浇筑拱形结构，应自两边拱脚对称的相向进行。浇筑储仓，下口应先行封闭，并搭设脚手架，以防人员坠落。

I. 夜间浇筑时，必须有足够的照明设备。

7）钢筋工程施工安全技术交底

A. 作业人员进入现场必须严格遵守安全生产纪律，熟记并遵守安全技术操作规程，正确使用好个人防护用品。

B. 拉直钢筋时，地锚必须牢固，卡头卡紧，2m 区域内禁止行人，卷扬机或绞磨机正面必须设钢筋回弹挡板，钢筋断料、配料、弯料等作业在地面或楼面进行，严禁在高空操作。

C. 冷拉钢筋时，卷扬机前设防护挡板或将卷扬机与冷拉方向成 90°，用封闭式导向滑轮，冷拉场地禁止人员通行或停留。

D. 冷拉钢筋应缓慢均匀，锚卡具必须卡牢，发现异常立即停车，放松钢筋后才能重新进行操作。

E. 钢筋切断机不准带病运转，电器设备必须安装漏电保护器和接保护零线保护。

F. 人工断料，工具牢固，打锤区内不得站人，锤击方向应与掌钳人方向错开，切断小于 30mm 长的短钢筋时，应用钳子夹牢，严禁手扶。

G. 起吊钢筋时必须规格统一，长短一致，捆扎牢固，禁止一点吊运，并将该捆重量通知起重机机械指挥和司机。

H. 起吊钢筋骨架，下方禁止站人，待骨架降至距安装标高 1m 内方准靠近、就位支撑好后方可摘钩。

I. 搬运及绑扎钢筋与架空输电线路的安全距离必须符合安全（按回转半径计）要求，防止钢筋回转时碰撞电线发生触电事故。

J. 多人运送钢筋，起、落、转、停动作必须一致，人工上下传递不得在同一直线上，并严禁传送人员站立在墙上；禁止将钢筋集中堆放在模板或脚手架上。

K. 深坑（沟）绑扎前检查土壁的稳定和固壁支撑的稳定性，不得因影响绑扎钢筋而随意拆除支撑。

L. 绑扎立柱、墙体钢筋，严禁攀登骨架上下；不准将木料、管子、钢模板穿在钢箍内作为立人板，绑扎3m以上的柱钢筋，必须搭设操作平台。3m以内的柱钢筋，可在楼面或地面绑扎。

M. 绑扎圈梁、挑梁、外墙、边柱钢筋，无外架时必须设外挂架或悬挑架，并按规定挂好安全网。

8）模板工程施工安全技术交底

A. 模板工程作业高度在2m和2m以上时，应根据高空作业安全技术规范的要求进行操作防护。

B. 支模应按规定的作业程序进行，模板未固定前不得进行下一道工序。严禁在连接件和支撑上攀登上下，并严禁在上下同一垂直面安装、拆卸模板。

C. 支设高度在3m以上的柱模板，四周应设斜撑，并应设立操作平台，低于3m的可用马凳操作。

D. 支设悬挑形式的模板时，应有稳定的立足点，支设临空构筑物模板时，应搭设支架。模板上有预留洞时，应在安装后将洞盖没。

E. 操作人员上下通行时，不许攀登模板或脚手架，不许在墙顶、独立梁及其他狭窄而无防护栏杆的模板上行走。

F. 模板支撑不能固定在脚手架或门窗上，避免发生倒塌或模板位移。

G. 模板及其支撑体系的施工荷载应均匀堆置，并不得超过设计计算要求，大模板的堆放应有防倾措施。

H. 冬期施工，应对操作地点和人行通道的冰雪事先清除；雨期施工，对高耸结构的模板作业应安装避雷设施；五级以上大风天气，不宜进行大模板的拼装和吊装作业。

I. 模板支撑拆除前，混凝土强度必须达到设计要求，并应办完模板拆除申请表手续后方可进行。

J. 各类模板拆除的顺序和方法，应根据模板设计的规定进行，应按先支的后拆，先拆非承重模板，后拆承重模板和支架的顺序进行拆除。

K. 拆除模板时必须设置警戒区域，并派人监护。拆模必须拆除干净彻底，不得留有悬空模板。

L. 拆模高处作业，应配置登高用具或搭设支架，必要时戴安全带。

M. 拆下的模板不准随意向下抛掷，应及时清理。临时堆放离楼层边沿不应小于1m，堆放高度不得超过1m，楼层边口、通道口、脚手架边缘严禁堆放任何拆下物件。

9）砌筑工程施工安全技术交底

A. 基础砌筑前先检查土壁的稳定和土壁支撑的完好情况，砌筑中应经常检查基坑土壁变化情况，发现异常立即采取加固措施。堆放砖块、材料应距坑边1m以外。深基坑设有挡板支撑时，作业人员由梯子上下，禁止跳、踩踏砌体和支撑上下，运料不得碰撞支撑。

B. 严禁站在墙顶上划线、刮缝、清扫墙面和检查大角垂直等工作，在外脚手架上砌筑，吹砖时应面向墙面，碎砖应落在脚手架上，以免碎砖下落飞出伤人。

C. 超过1.2m以上的墙面，应搭设脚手架，在一层以上或高度超过3m时，采用里脚手架必须支挂安全网。

D. 脚手架上堆放材料、设备不得超过规定荷载，堆砖高度不得超过四皮砖，同一块脚手板上操作不应超过2人。

E. 起重机吊运砖时，必须使用砖笼，严禁用推车或砂浆灰盘吊运砖块，吊运砖时，吊臂回转范围内下面禁止人员行走或停留，砖笼严禁直接吊放在脚手架上。

F. 上脚手架前首先检查脚手架搭设是否稳定，架板铺设是否铺满，稳定，有无探头板。禁止用不稳固的工具或物体在脚手板上垫高操作，检查防身栏杆，安全网（里、平、兜）有无不严密、固定不好之处，如发现及时解决。

10）门窗安装工程安全技术交底

A. 经常检查所用工具是否牢固，防止脱柄伤人。

B. 安装门窗应站在楼地面、马凳操作平台或脚手架上操作，禁止站在窗台外侧、阳台栏板等危险部位作业，门窗框就位校正后必须立即钉牢或焊接固定。木窗扇安装刨好缝后立即固定。不论固定与否，严禁手拉窗扇进行攀登作业。

C. 安装二层楼以上外门窗，外防护应齐全可靠，操作人员必须系好安全带，保险挂钩挂在操作人员上方固定的物体上并设专人保护。

D. 安装上层窗扇，不得向下乱扔东西，工作时要注意脚踩稳，不要向下看。

E. 搬运钢门窗时应轻放，不得使用木料穿入框内吊运到操作位置。

F. 钢门窗不得平放，应该竖立，其竖立坡度不得大于20°，并不准人字形堆放。

G. 不准脚踩窗扇芯子，或者在窗扇芯子放置脚手板和悬吊重物。

11）钢结构吊装工程安全技术交底

A. 吊装前必须对机械、索具、夹具、吊环等各部位进行细致检查，核实起吊构件重量并符合要求、经试吊后方可起吊作业。

B. 起重工必须持证上岗，坚守岗位，听从指挥，集中精力，认真操作。

C. 指挥信号必须准确、及时，起重机司机和起重工都能看见并明确信号意图。

D. 严禁任何人员在起吊的构件下停留或穿行，不准将起吊后的构件在空中长时间停留。

E. 构件堆放，必须支垫稳妥，支撑牢固，起吊前核实构件重量并对构件质量、吊环进行检查，发现构件断裂或吊环裂纹、松动不准起吊。

F. 作业场地必须平整畅通，严禁起重机在斜坡上作业，不准斜拉、斜吊和超菏作业。构件就位后，必须立即支撑固定，各部位连接牢固后，方可解除吊钩绳索。

G. 使用扒杆起吊时，扒杆必须经过设计计算或核算后，方可安装使用，经试吊检验各部分杆件正常，方准起吊。

H. 扒杆缆风绳必须符合安全技术规范要求，地锚埋设牢固，缆风绳卡环紧固。

I. 移动扒杆时，必须有专人指挥，放松缆风绳，防止扒杆倾倒，禁止站在扒杆上其他危险部位操作，禁止任何人员进入危险区域。

J. 必须严格按照起重吊装施工方案进行操作。

12）钢管脚手架搭设拆除安全技术交底

A. 严格按施工方案的要求作业。

B. 脚手架搭设人员必须持证上岗，并应定期体检，体检合格后方能参加搭设作业。

C. 搭设人员必须戴安全帽、系安全带、穿防滑鞋。

D. 搭设前应对脚手架构配件质量进行验收。

E. 脚手架搭设要按照《建筑施工扣件式钢管脚手架安全技术规范》JGJ 130—2011 中的要求进行。

F. 当有 6 级及 6 级以上大风和雾、雨、雪天气时应停止脚手架搭设作业，雨、雪后上架作业应有防滑措施，并应扫除积雪。

G. 临街搭设脚手架时，外侧应有防止坠物伤人的防护措施。

H. 工地临时用电线路的架设及脚手架接地、避雷措施应按《施工现场临时用电安全技术规范》JGJ 46—2012 的有关规定执行。

I. 搭设脚手架时，地面应设围栏和警戒标志，并派专人看守，严禁非操作人员入内。

J. 作业前，应对脚手架的形状，包括变形情况、杆件之间的连接、与建筑物的连接及支撑等情况以及作业环境进行检查。

K. 按照作业方案进行分工和拆除。

L. 排除障碍物，清理脚手架上杂务。拆除之前，划定危险作业范围，并进行围栏，设监护人员。

M. 拆除作业时，地面设专人指挥，按要求统一进行。拆除程序与搭设程序相反，先搭设的后拆除，自上而下逐层进行，禁止上下同时作业。

N. 拆除顺序应沿脚手架交圈进行，分段拆除时，高差不应大于 2 步，以保持脚手架拆除过程中的稳定；立面拆除时，应先对暂不拆除部分脚手架的两端，增设横向斜撑先行加固后再进行拆除。

O. 拆剪刀撑时应先拆除中间扣件，然后拆除两端扣件，防止因积累变形发生挑杆。

P. 连墙件不得提前拆除，在逐层拆除到连墙件部位时，方可拆除，在最后一道连墙件拆除之前，应先在立杆上设置抛撑后进行，以保证立杆拆除中的稳定性。

Q. 拆除作业中应随时注意作业位置的可靠和挂牢安全带，不准将拆除的杆件、扣件、脚手板等向地面抛掷。

R. 地面作业人员与拆除作业人员紧密配合，将拆下的杆件等按品种、规格码放整齐。

（四）施工单位的设备与设施安全内业资料的管理

1. 施工单位的设备与设施安全内业资料管理规定

1）施工单位应建立设备（包括应急救援器材）安装（拆除）、验收、检测、使用、定期保养、维修、改造和报废制度，设备安全内业资料管理还应包括以下内业资料：

A. 购置设备的生产许可证和产品合格证。

B. 施工单位设备管理档案台账，包括设备数量统计表，设备管理人员名册，设备库房情况统计表以及设备利用情况统计表。

C. 施工单位应明确设备供需方各自安全生产管理职责。

2）针对大型设备装拆安全控制，施工单位应保留装拆单位的资质证明，提供大型起重设备装拆的专项方案，做好装拆监控记录，同时保留设备的检测合格证明。

3）施工单位应作出安全警示标志的统一规定，以满足安全设施和防护管理的要求。

4）针对特种设备的管理，施工单位应提供特种设备的检测合格证明。

5）施工单位应提供安全检测工具生产许可证和产品合格证。

6）施工单位应提供安全防护用具、机械设备定期检查的结果。

7）施工单位应提供采购、租赁的安全防护用具、机械设备、施工机具及配件相应的生产（制造）许可证、产品合格证，应保留对以上器械进场前的查验结果，还应提供对以上器械定期检查、维修和保养的资料档案。

8）施工单位应提供以下的机械设备验收结果：

A. 对建筑起重机械和整体提升脚手架、模板等自升式架设设施的验收结果。

B. 承租的机械设备和施工机具及配件的验收结果。

C.《特种设备安全监察条例》规定的建筑起重机械相应资质的检验检测机构提供的监督检验结果。

D. 机械设备供应单位向建设行政主管部门的登记结果。

（1）施工单位的设备与设施职责管理规定

1）综合部负责所有部门设备设施的安全培训和考核。

2）技术部负责组织对产品的制造能力的需求进行预计确定所需的设备设施，参与设备设施的安装和验收。

3）采购部负责所有设备设施的采购。

4）生产部负责设备设施的安装、验收，负责制定关键设备设施的预防性维修计划和实施；负责组织设备设施的故障维修和预见性维修。

5）使用部门负责配合设备设施管理，遵守各项设备设施管理制度。

6）使用者负责设备设施的日常维护与保养，负责按设备设施操作规程操作。

（2）设备设施选购管理规定

1）必须坚持“安全高于一切”的设备设施选购原则，要求做到设备运行中，在保证自身安全的同时，确保操作工的安全。

2）设备管理人员应根据本企业生产特点，工艺要求广泛搜集信息（包括：国际、国内本行业的生产技术水平，设备安全可靠程度。价格、售后服务等）；经过论证提出初步意见报总经理批准实施。

（3）设备设施使用前的管理规定

1）制定安全操作规程

2）制定设备维护保养责任制

3）安装安全防护装备

4）员工培训，内容包括设备原理、操作方法、安全注意事项、维护保养知识等，经考验合格后，方可持证上岗。

（4）设备设施使用中的管理规定

1）严格执行《设备安全管理制度》，由公司主管领导和设备管理人员共同落定。

2）设备操作工人须每天对自己所使用机器做好日常保养工作，生产过程中设备发生故障应及时给予排除。

3）为了便于操作工日常维护保养，由设备管理人员、工程技术人员共同按照技术要求，由部门经理和设备管理人员负责检查实施。

4）预检预修，是确保设备正常运转，避免发生事故的有效措施，设备管理人员根据设备状况和使用寿命，预先制定出安全检修周期和检修内容，落实专人负责实施，将设备质量保持在最好状态，确保设备从本质上的安全性。

(5) 设备设施维护保养规定

1) 设备运行与维护坚持“实行专人负责，共同管理”的原则，精心养护，保证设备安全，负责人调离，立即配备新人。

2) 操作人员要做好以下工作：

A. 自觉爱护设备，严格遵守操作规程，不得违规操作。

B. 管线，阀门做到不渗不漏。

C. 做好设备班前、班中、班后按照要求经常性的加注润滑油。防止过度磨损。

D. 设备要定期更换、强制保养、保持技术状况良好。

E. 建立设备保养卡片，做好设备的运行、维护、养护记录。

F. 保持设备设施清洁，场所窗明地净，环境卫生好。

(6) 设备设施检查规定

1) 生产部设备维修人员，每两周对生产设备进行一次检查。

2) 每半年由使用部门会同维修人员，根据生产需要和设备实际运转状况，制定设备大修计划，设备大修前必须制定修理工时，停歇时间，材料消耗，清洗用油及维修费用。

3) 设备大修完工后，必须进行质量检查的验收。

4) 每年年底由公司主管领导、设备管理人员、部门经理、维修人员负责，按照事先规定的项目内容进行检查打分，评定出是否完好，能否继续使用，提出责任人的处理意见和改进措施等。

(7) 设备设施安全事故及设备安全事故报告和处理规定

1) 设备由于不安全因素造成设备损坏和设备事故，根据设备损坏程度，设备事故分为：

A. 一般设备安全事故：零部件损坏，经济损失在5000元以下。

B. 重大设备安全事故：设备受损严重，直接经济损失在5001元至50000元。

C. 特大设备安全事故：导致设备保费或直接经济损失在50000元以上。

2) 设备安全事故报告和处理

A. 一般设备安全事故发生后，操作使用人员应立即向所在单位负责人报告，查清事故原因，查明事故责任。

B. 重大。特大设备事故发生后，操作人员应立即采取保护现场并报告公司负责人及有关职能部门，公司立即组织有关人员对事故进行检查，分析事故原因，查清事故责任。

C. 对各类设备安全事故，坚持“四不放过”的原则，认真调查及时报告，严肃处理。

D. 对玩忽职守，违章指挥，违反设备安全管理规定造成设备安全事故的领导，管理人员和直接责任者，根据情节轻重，责任大小，分别给予处分、经济处罚，构成犯罪的交由执法机关处理，追究其法律责任。

(8) 设备设施更新改造及报废的管理规定

1) 设备报废的基本原则

A. 国家或行业规定需要淘汰的设备。

B. 设备已过正常使用年限或经正常磨损后达不到要求。

C. 设备发生操作意外事故，造成无法修复或修复不合算。

D. 设备使用时间不长，但因更合理更经济先进的设备或生产使用时需要更换的。

E. 从安全、精度、效率等方面，已落后于本行业平均水平，符合以上情况的设备均可申请报废。

2）设备报废手续

A. 由设备使用部门提出报废申请，经技术部确认并签署意见。

B. 由使用部门负责人填写报废申请单上交技术部审核，经副总经理批准，移交财务部门结算手续。

3）设备改造的基本要求

A. 经过技术论证后，采取新技术，新材料，新的零部件就可以提高设备的综合安全技术水平，经济上也是合算。

B. 设备改造要持谨慎负责的态度，切勿轻易蛮干，必须按照申请，论证、批准的基本程序运行。

（9）严格执行设备管理过程中的记录规定

建立设备技术管理档案，记录设备-生产全过程的状态，按照设备选型，设备维护保养、维修、更新改造、报废处理等程序运行。由负责人和主管领导签名确认保存。

2. 施工单位的设备与设施安全内业资料管理要素

（1）设备设施运行管理

建立设备设施管理制度，以有效控制设备设施的规划、采购、安装（建设）、调试、验收、使用、维护和报废过程，应建立设备设施管理台账，及其原始技术资料、图纸和记录的档案。

1）设备设施管理基本要求

A. 强调设备设施的过程管理，应包括：

（A）规划过程

（B）采购过程；

（C）安装（建设）过程；

（D）调试过程；

（E）验收过程；

（F）使用、维护过程；

（G）报废过程。

B. 明确设备和设备操作人员的要求，建立设备设施和操作人员台账。

（A）对设备操作人员的要求；

（B）维护要求；

（C）检验、测试及试验要求；

（D）报废要求；

C. 技术资料、图纸和记录管理和归档。

2）设备设施管理制度

A. 设备设施管理的职能部门

(A) 技术设备部负责设备采购计划拟定，以及设备安装、调试的管理；

(B) 安全环保部负责特种设备检测和操作人员持证上岗管理。

B. 设备设施分级、分类管理

设备分级分类的标准

(A) 重要设备 (A 类设备)：形成主要生产能力和动力供应的主体设备型的关键设备。

(B) 主要设备 (B 类设备)：形成一般生产能力的主体设备，及保证公司连续生产的辅助设备。设备停机能造成公司停产或有严重后果的辅助设备。

(C) 一般设备 (C 类设备)：未列入重要 (A 类)、主要 (B 类) 设备的其他生产设备。重要设备 (A 类设备) 是重点管理的对象，要建立设备档案。重要设备 (A 类设备) 的改造和检修方案必须经过批准后方可执行。主要设备 (B 类设备) 是公司管理的对象，要建立设备档案。生产部、安全环保部负责对主要设备检查，督促管理，并归口管理。主要设备 (B 类设备) 的技术改造必须经过部门批准后执行。

(D) 一般设备 (C 类设备) 由班级自行管理，建立设备档案。生产部、安全环保部负责归口管理与检查。一般设备 (C 类设备) 的技术改造必须经过部门批准后执行。

C. 设备的前期管理

(A) 设备的开箱验收。新设备订购到现场后，由技术设备部会同使用车间及相关人员及时组织开箱点货验收。设备随机技术资料，由档案管理人员参加开箱并负责核对验收，登记造册，然后办理借阅手续。

(B) 设备的安装调试。技术设备部按照工艺平面布置图及有关安装技术要求进行安装。由技术设备部组织有关部门和人员共同进行验收。

(C) 并及时填写《设备台账》、《设备登记卡》，做好资料存档。

(D) 技术设备和生产环保部应该根据说明书及相关技术资料等制订好操作规程，操作人员认真学习，经考试合格发给操作证后，方可正式投入使用。特种设备操作人员应持证上岗。

D. 设备技术与维护管理

设备完好基本标准：

(A) 基础稳固 (若有)：无腐蚀、倾斜、裂纹。

(B) 结构完整：零部件齐全，磨损，腐蚀，裂纹，变形在允许范围以内。

(C) 润滑良好，无明显的渗漏油现象。

(D) 计器仪表，安全防护装置和照明齐全，灵敏可靠。

(E) 安全设施齐全。

(F) 运转正常，各部性能良好，出力达到铭牌规定或核定能力。

E. 设备报废管理

设备主要结构严重损坏无法修复或经济上不宜修复、改装，对安全生产有影响的设备，可以申请办理报废。具体由财务部处置。

F. 设备的档案管理

新进设备、现有设备以及设备大修、技改后关于设备安装、使用、维护、零配件等所有文字、图纸、验证资料、维修记录等归档。

G. 设备的操作人员管理

设备操作人员熟悉设备结构原理，熟悉安全性能，掌握安全操作要点。

3）设备设施检修、维护、保养管理制度

A. 设备的大、中、小修都必须按规定，事先提出计划，然后按计划组织实施。

B. 各班组每月 15 日以前，要将每月的检修计划报到技术设备部和安全环保部，技术设备部及时制定，落实好检修任务，安全环保部制定或审核安全措施。

C. 对于老化、报废的设备，班组上报到技术设备部，由技术设备部统一报到厂里，由企业负责人批准方能更换。

D. 班组应建立设备台账和固定资产卡片，对班组内的设备要逐台登记建卡，做到数量准确，技术资料完备，编号、型号、原值、制造厂、购进时间等填写齐全、清楚。

E. 每个检修项目都应落实到专人负责，每个参加检修人员都要明确检修任务、内容、要求及安全注意事项，确保在安全基础上完成检修任务。

F. 每次检修完毕后，要召开设备检修总结会。总结经验和教训。

G. 各班按规定对润滑点及润滑部位进行加油检查。易松动部件及部位，检查各安全防护及操作系统。

H. 随时观察和掌握设备运转状况，保持设备清洁良好的工作状况，保证设备在工作中不发生故障。

I. 下班前清扫擦拭设备外部及工作场地，清点整理。如工器具和备品，并做好交接班工作。

J. 检查安全防护装置是否可靠，清扫检查调整各润滑系统及润滑部位，按要求填加润滑油或润滑脂。

K. 检修设备的电气系统，整修线路，清扫和检查其他电器装置要有工作票。

L. 设备检修后，要做到工完、料净、场地清洁、安全设施恢复原状。

M. 检修地点，要有良好的照明，不允许在黑暗、光线不足的地方作业。

N. 停车检修时，必须首先切断电源，并在配电箱或柜处挂上“有人作业严禁合闸”的警示牌。

O. 学徒工在师傅的监护下进行工作，学徒工出事故，师傅要负责。

4）设备检维修计划

A. 建（构）筑物维护计划

（A）每年对建（构）筑物进行一次常规维护。

（B）台风汛期过后对生产作业场所、建（构）筑物进行全面检查、维护。

（C）上述检查维护由安全环保部基建科共同负责。

B. 采掘设备维护计划

（A）日常维护：

每日上班前，先由操作者对穿孔设备和铲装设备的全面检查、维护，确保无机械问题，方可出工；下班后，应将设备归位。

（B）月度维护：

班组长每月初收集每台设备的日常运行记录，根据上月设备的运行情况，制订本月设备的月维护计划，并将维护计划报生产部、技术设备部，由技术设备部、生产部安排人员，对其进行检查、维护，并填写设备的运行情况。

(C) 年度维护；

按设备厂家技术文件要求对其进行大检查和维护保养。

C. 运输设备维护计划

(A) 日常维护：

每日出车前，先由操作者对车辆的全面检查、维护，确保无机械问题，方可出工；下班后，应将车辆归位，并填写车辆当日的运行情况及注意事项。

(B) 月度维护：

班组长每月初收集每辆车辆的日常运行记录，根据上月车辆的运行情况，制订本月车辆的月维护计划，并将维护计划报生产部、技术设备部，由生产部、技术设备部安排人员，对其进行检查、维护，并填写车辆的运行情况说明。

(C) 年度维护：

生产部、技术设备部对上年度的车辆运行情况说明进行汇总，根据上年度的车辆运行情况，制定年度维护计划表，并根据班组长上报的月维护计划，合理安排设备维护周期，年度对该车辆的运行情况进行总结。

D. 电气设备维护计划

(A) 配电房的维护、保养周期：一年一次大修，清洁工作周期：每星期一次；巡查工作每天一次。

(B) 各分接箱，巡查每星期一次，大修每季度一次。

(C) 各电动设备，随各设备保养时，同时进行。

E. 照明设备维护计划

(A) 夜班开班前，由生产部、技术设备部派人员对场区内所有的照明设备进行检查、维护，以确保正常使用。

(B) 每月对照明设备进行检查、维护。

F. 仪器仪表维护计划

(A) 每日上班前，先由操作者对仪器仪表的全面检查，确保无机械问题方可使用，并填写设备当日的运行情况及注意事项。

(B) 对于安全阀每年至少检验一次；压力表至少每半年校验一次，由专门的机构进行维护。

G. 防雷设备维护计划

(A) 防雷设备每年保养、检修一次，定期每周一次巡视。

(B) 要求：

a. 防雷设备表面干燥、清洁、无污染、无机械损失；

b. 检测防雷设备的各种参数，应在安全范围内；

c. 检查接地线连接良好，无松脱、断股、锈蚀、机械损失等缺陷；

d. 定期测量接地电阻，不应超过规定值，确保接地良好；

e. 防雷设备的检修保养应做详细记录，包括人员、时间、内容、参数等，并作为以后的参考资料存档。

H. 特种设备的定期检查

为保证特种设备的运转正常，保证操作人员的持证上岗，专门负责人负责特种设备的检查，每个月对特种设备进行至少一次的检查。

I. 安全标志检查

安全标志的检查，范围包括厂区安全标志、生产区域内的标志，道路运输沿线的安全标志等，每个月检查一次。

（2）特种设备管理

1）特种设备选购验收制度

A. 购买特种设备应当选择具有相应特种设备制造许可证资质的单位制造的特种设备，不得购置存在严重事故隐患，无改造、维修价值，超过安全技术规范规定使用年限，或者已在特种设备监督管理部门办理注销手续予以报废的特种设备。

B. 应当根据生产工艺要求选购特种设备，严禁超过特种设备规定参数使用。

C. 选购特种设备前，应由设备采购部门提出购买计划，并经主管负责人审批。

D. 特种设备购进后入库前，必须进行开箱检查特种设备的外部情况和出厂资料。设备、安全、档案、采购部门人员参加验收，验收时有关人员应逐项认真检查验收，并对验收质量负责。

E. 购置的特种设备必须附有安全技术规范要求的设计文件，产品质量证明书、安装及使用维护说明、监督检验证明等文件。

F. 验收完毕，特种设备安全管理员应将特种设备附有的相关文件收集、归档。

2）特种设备安装改造维修制度

A. 特种设备的安装、改造、维修活动应委托取得相应安装、改造、维修许可证的单位进行。

B. 签订安装、改造、维修合同前，特种设备安全管理部门（或专、兼职安全管理人员）必须审查安装、改造、维修单位的资质和相关人员的资质是否符合。

C. 施工前，配合、督促特种设备安装、改造、维修的施工单位在施工前，将拟进行的特种设备安装，改造、维修情况书面告知当地特种设备安全监督管理部门。坚决制止施工单位未履行书面告知义务而进行施工的行为。

D. 督促特种设备安装、改造、维修的施工单位向国务院特种设备安全监督管理部门核准的检验检测机构，按照相关安全技术规范的要求，申报安装、改造，维修活动的监督检验。

E. 根据安装、改造、维修的合同规定和相关安全技术规范的要求，配合实施监督检验的检测机构监督安装、改造、维修的施工单位施工，发现未按照告知内容和相关安全技术规范要求施工的，要求施工单位予以整改，不予整改的，要求其停止施工并及时报告当地特种设备安全监督管理部门。

F. 拒绝接受使用未经监督检验和监督检验不合格的设备。

G. 经验收合格的特种设备在验收后 30 日内从施工单位处接收相关技术资料并归档保存。

3）特种设备使用登记制度

A. 特种设备在投入使用前或者投入使用后 30 日内，办理使用登记。

B. 办理使用登记时应按照特种设备的使用登记要求备齐以下资料、文件：

（A）安全技术规范要求的设计文件、产品质量合格证明、安装及使用维护说明、制造过程监督检测证明。

（B）安装过程的安装告知书、安装质量证明书和安装监督检验报告。

（C）特种设备使用安全管理的有关规章制度，预防事故方案，管理和操作人员名单。

（D）相关安全技术规范要求的其他文件资料。

C. 安全管理人员应逐台填写《特种设备登记卡》和使用申请书交予登记机关。

D. 办理使用登记后，安全管理人员应将登记机关退还的文件和颁发的使用登记证明文件交付档案管理人员归档，妥善保存。

E. 安全管理人员将使用登记证或安全合格证明登记标志置于或者附着于特种设备的显著位置。

4）特种设备定期检验制度

A. 特种设备安全管理机构和管理人员要熟练掌握特种设备定期检测情况，根据自身的特点制定定期检验检测计划，确保检验检测工作如期实施。

B. 按照安全技术规范的定期检测要求在上次检测有效期满前 1 个月提出定期检测要求。

C. 检测前应当备齐特种设备的相关资料。

（A）设备出厂资料：设计文件、安装使用说明、产品合格质量证明。

（B）设备安装资料：安装告知书、安装质量证明、安装监督检验报告。

（C）使用登记文件。

（D）上次定期检验报告。

（E）运行记录、维护保养记录、运行中出现异常情况的记录等。

D. 检测时，要做到按计划的时间停车检验，并向检验机构和检验人员提供检验所需的条件，配合他们作好检验检测工作。

E. 检测后，对检验合格的特种设备，或存在问题的设备，已经采取相应措施进行处理并达到合适使用要求的，要及时办理有关注册、变更手续。

F. 凡未经定期检验或者检验不合格的特种设备，不得继续使用。

G. 特种设备发现故障或者发生异常情况，使用单位，应当对其进行全面检查，消除安全隐患后，方可投入使用。

H. 对确因需要延长检验周期的特种设备，必须依法办理延期检验手续。

5）特种设备安全检查制度

A. 安全检查要做到经常性，充分发动群众，坚持专职检查与群众检查相结合，日常检查与定期检查相结合，普遍检查与重点检查相结合，做到层层把关，堵塞漏洞。

B. 定期安全检查由特种设备安全管理部门组织实施。

（A）每年安排一次年度安全检查。主要检查内容：查设备、查制度、查措施、查事故处理情况等。

（B）每月安排一次定期的安全检查。对特种设备使用情况进行检查。

（C）在“五一”、“十一”、“元旦”、“春节”等重大节日前组织有关人员有针对性的进行节前安全检查。

(D) 特种设备安全管理人员要不定期的开展日常安全检查，到生产现场监督检查有无违章操作，防护用品穿戴是否齐全，各种安全防护设施是否完好，安全通道是否畅通，使用的工具是否安全可靠、是否符合安全要求，发现问题应及时制止、纠正。

C. 各部门除配合特种设备管理部门组织的安全检查外，还要每季度组织有关技术人员对设备使用情况，各项安全制度执行情况重点检查。发现问题及时反馈，并作好检查记录。

D. 部门每周组织一次安全检查。重点检查作业现场是否整洁，各种设备运转是否正常，安全防护设施是否完好，安全制度执行情况等。发现问题及时反馈，并作好检查记录。

E. 在每次生产前要进行安全检查。危险部位和要害设施要重点检查，生产过程中要随时检查有无违章操作等不安全行为。

F. 操作者在工作前必须进行安全检查。倒班生产人员要严格执行交接班检查制度并认真作好交接班记录。在生产操作过程中要集中精力，随时注意安全状况，发现问题要立即报告代班长或单位领导。

G. 检查中发现重大安全隐患，必须及时报告单位主管领导，隐患未排除，严禁进行生产。

6）特种设备维护保养制度

A. 认真执行设备使用与维护相结合和设备谁使用谁维护的原则。坚持维护与检修并重，以维护为主的原则。严格执行岗位责任制，实行设备包机制，确保在用设备每台完好。

B. 操作人员对所使用的设备，通过岗位练兵和学习技术，做到“四懂、三会”（懂结构、懂工艺、懂性能、懂用途；会使用、会维护保养、会排除故障），并享有“三项权利”，即：有权制止他人私自动用自己操作的设备；未采取防范措施或未经主管部门审批超负荷使用设备，有权停止使用；发现设备运转不正常，超期不检修，安全装置不符合规定应立即上报，如不立即处理和采取相应措施，有权停止使用。

C. 要严格执行日常维护保养制度和定期保养制度。日常维护保养：操作者每班照例进行保养，包括班前 10～15 分钟的巡回检查；班中责任制，注意设备运转、液标液位、各种温度仪表、压力指示信号、保险装置是否正常；班后、月末、节日前的大清扫、擦洗。定期维护保养：每月进行一次全面的设备检查保养。

D. 正确使用设备，严格遵守操作规程，启动前认真准备，启动中反复检查，停车后妥善处理，运行中搞好调整，认真执行操作规程，不准超温、超压、超速、超负荷运行。

E. 精心维护、严格执行巡回检查制，定时按巡回检查路线，对设备进行仔细检查，发现问题，及时解决，排除隐患。搞好设备清洁、润滑、紧固、调整和防腐，保持零件、附件及工具完整无缺。

F. 掌握设备故障的预防、判断和紧急处理措施，保持安全防护装置完整好用。

G. 设备检修人员对所包修的设备，应按时进行巡回检查，发现问题及时处理，配合操作人员搞好安全生产。

H. 所有特种设备维护工作，必须有明确分工，并及时做好防冻、防凝、保温、保冷、防腐、堵漏等工作。

7）特种设备安全技术档案管理制度

A. 应当建立特种设备安全技术档案，安全技术档案内容包括：

（A）特种设备的设计文件、产品质量合格证明、安装使用维护说明等文件以及安装技术文件和资料；

（B）特种设备的定期检查和定期自行检查记录；

（C）特种设备的日常使用状况记录；

（D）特种设备及其安全附件、安全保护装置、测量调控装置及有关附属仪器仪表的日常维护保养记录；

（E）特种设备运行故障和事故记录；

（F）高耗能特种设备的能效测试报告、能耗状况记录以及节能改造技术资料。

B. 档案管理员负责公司特种设备安全技术档案的接收、登记、复制、借阅、发放和建档。

C. 特种设备安全管理人员负责收集上述特种设备安全技术档案的内容资料，并及时交付档案管理员。

D. 档案管理员将接收的资料，分类整理后，及时归档保存，做到定位有效，妥善保管，方便利用。注意防生、防火、防水、防潮、防晒、防盗、防虫蛀、防鼠咬等。如有破损或变质的档案，档案管理人员要及时修补和提出复制。

E. 认真执行安全技术档案的保管检查制度，每年年底全面检查、清理一次，做到账档一致。

F. 做好技术档案的安全保密工作，并履行批准和借阅手续，凡借阅重要档案的事由主要负责人批准后方可借阅。借阅者必须妥善保管，不得遗失。用后按期归还，经管理人员检查后，方可返档。

（3）设备设施验收及旧设备设施拆除、报废管理

1）生产设备设施验收管理制度

A. 验收的内容及标准

（A）设备外观、包装情况、设备名称、型号规格、数量等是否符合要求。

（B）装箱清单是否与实物相符，以及其他资料是否齐全，有无缺损。

B. 设备验收

（A）设备到达物资库或现场后，技术设备部员工及时通知车间相关人员联合设备采购人员参加设备的开箱验收。

（B）车间人员接到通知后，应及时到指定地点进行验收。首先检查设备包装情况，确认设备包装完整无损的情况下，即可开箱验收。开箱后依据装箱单明细逐件核对设备的合格证、产品说明书等技术资料，如发现资料短缺，应由设备采购部负责追回。

（C）若在验收过程中发现设备破损、生锈、变形等外观质量不合格时，验收人员应暂停验收，并责成设备采购部门督促设备供货厂家返修或更换。返修或更换后再行验收。

（D）开箱设备验收合格后，设备采购人员填写设备入库验收单，由参加验收人员签字确认。

（E）对于设备完成安装进入调试阶段后，车间人员对调试中发现的问题，应及时报

与技术设备部，由技术设备部联系采购部门督促设备供货厂家及时返修，直至符合质量要求为止。对无法现场返修的供货厂家应予以更换。

（F）若设备在质保期中出现问题，由技术设备部联系采购部督促厂家直至解决。

（G）对进厂设备中的安全装置在验收中必须注明完好与否，并要所有人员进行确认。

（H）对有关安全、设备、设施的验收要求由安监部门人员参加并建档。

2）生产设备设施报废管理制度

A. 设备设施报废标准：符合下列条件之一时，各车间方可申请设备、设施报废。

（A）经过预测继续大修后技术性能仍不能满足工艺要求和保证产品质量的。

（B）设备老化、技术性能落后，耗能高，效率低，经济效益差的。

（C）大修理虽能恢复精度，但不如更新经济的。

（D）因磨损、腐蚀、事故或其他灾害使设备遭受严重损坏无修复价值的。

（E）严重污染环境，危害人身安全与健康，进行改造不经济的。

（F）国家明文规定淘汰的。

B. 设备、设施报废的审批

（A）凡符合报废条件的固定资产设备、设备应由各车间向设备管理部门提出报废申请，技术设备部组织公司内相关人员、公司技术设备管理部、财务部相关人员现场鉴定，填写《固定资产报废申请表》，经车间主任批准后，报技术设备部，经公司领导及上级主管部门批准后，方可报废。

（B）凡符合报废条件的零件应由车间填写《废旧部件报废申请表》，经总经理审批后，方可报废。

（C）未经批准报废前。任何部门不得拆卸、挪用其零部件和自行报废处理。

与技术设备部，由技术设备部联系采购部门督促设备供货厂家及时返修，直至符合质量要求为止。对无法现场返修的供货厂家应予以更换。

C. 设备、设施的销账

（A）设备、设施经报废后，设备资产的账、卡及其他随机资料应随《固定资产报废申请表》注销。

（B）技术设备部负责收集、整理、建档报废设备各类资料，并做好上报工作，车间做好报废设备的登记工作。

（C）已批准报废的设备，应由财务部、车间做好残值回收工作。

D. 设备、设施报废审批过程中，报废处理的管理

（A）设备、设施报废审批过程中，必须注明该设备的状态，并确定责任人，由设备部负责监督检查。

（B）对已批准报废的设备由负责处理报废的部门、单位组织制定报废方案，明确责任机构、职责，过程执行明细，安全措施及报废后的上报、注销工作，经相关部门批准后执行。

（4）相关记录保存管理

1）安全预评价报告、安全专篇、安全验收报告；

2）主要设备清单；

3）设备检维修计划表；

4）新设备设施验收登记表；

5）旧设备设施拆除、报废登记表；

6）特种设备注册登记与检验情况表；

7）特种作业人员操作证登记表；

8）特种设备维护记录表；

9）特种设备检测报告；

10）特种设备安全管理标识。

（五）有关建筑施工安全生产业绩的内业资料管理

1. 有关建筑施工安全生产业绩的内业资料管理规定

（1）施工单位为做好生产安全事故控制工作，应建立建筑施工事故报表，同时应建立建筑施工档案。

（2）施工单位应建立安全生产奖罚制度，制度中应详细规定奖罚的目的、对象、奖罚的范围以及奖罚的程序等。

（3）施工单位应建立工伤事故处理制度，施工现场实行工伤事故定期报告制度和记录。同时，建立事故档案，伤亡事故报表（每月），无伤亡事故的需填写安全管理说明。

（4）施工单位在发生意外伤亡时，应提供工人的意外伤害保险的凭证。

2. 有关建筑施工安全生产业绩的内业资料管理要素

建筑施工安全生产业绩的内业资料管理是指管理者针对生产过程所进行的计划、组织、领导以及协调控制等的一系列活动，以保障整个生产过程安全与职工人身安全。安全管理的目的是安全，旨在分析、发现以及消除生产过程中的各种危险，杜绝事故发生和职工职业病，避免经济损失，保障职工的安全和健康，促使企业生产活动顺利开展，以提高企业的经济效益和社会效益。建筑企业由于其自身具有的单件性、离散性、劳动密集型等特点，是事故高发的行业，我国建筑行业的死亡率、工伤率居高不下，建筑企业的施工安全管理就显得尤为重要。施工现场安全生产管理是施工企业和工程项目部组织安全生产的全部管理活动，通过控制生产要素和社会要素的具体状态，不断减少直至消除施工中的不安全行为和危险状态，杜绝事故，尤其是杜绝使人受到伤害的事故，保障项目顺利完成同时也能提高安全生产业绩。

（1）施工现场安全事故类别与时间规律分析

1）建筑工程施工的特点，决定了建筑施工中的危险因素多存在于高处交叉作业、垂直运输、电气工具使用以及基础工程作业中。伤亡事故主要有高处坠落、物体打击、机械伤害、触电事故，施工坍塌和中毒事故等类别，这几类伤亡事故是建设施工中的最主要伤害，死亡人数占每年因工死亡数的比例超过三成。

2）高处坠落以从脚手架上坠落、在拆除井架时、在临边和平台等作业场所、拆除塔式起重机时为主要类型。由于在脚手架上吵闹，休憩；悬空作业、探身作业身体探出度过大；饮酒高处作业和不使用安全带；扣件不符合规定要求；施工管理部门忽视安全防护用品的发放、忽视安全检查；施工安全制度不尽完善；没有及时排查安全隐患；恶劣天气作业等都可能造成高处坠落。

3）物体打击事故通常由高空落物、崩块、滚动体，硬物、反弹物、器具、碎屑和破片的飞溅造成。由于工人安全意识差、作业玩忽职守；施工人员违规操作、违章施工；在施工中精力不集中、操作不当、误操作；机械设备的安全装置失灵、安全装置不齐全或存在设计或制造缺陷；采光或照明不足导致的施工人员视角疲劳；施工场地狭小，人员集中，一旦发生物体飞出，极易导致物体打击事故的发生。

4）机械伤害事故的原因主要有：施工人员业务技术素质低，操作不熟练；注意力不集中，导致误操作；施工或操作时未使用合适的防护服及工具，未能合理使用安全防护用品；机械设备老化并没有很好地履行保养维修制度；安全管理不到位，不能及时发现和排除隐患；另外还有照明、通风、温度、湿度等环境方面的原因。

5）触电事故分为电击和电伤事故。电击是指电流通过人体时所造成的内部伤害，电击会破坏人体呼吸、神经系统以及心脏，甚至产生生命危险。电伤是由于电流的热、化学以及机械效应对人体造成的伤害。施工人员缺乏安全用电知识；防护措施不到位、安全用电检查不到位、未穿戴防护用品；接错电线、相零反接；违章操作、麻痹大意；电气设备年久失修，破损设备线路未及时更换；潮湿的施工环境；紧邻高压操作等等都会引起触电事故。

6）施工坍塌事故包括边坡失稳引起土石方坍塌事故，拆除工程中的坍塌事故，现浇混凝土梁、板的模板支撑失稳倒塌事故，施工现场的围墙及在建工程屋面板坍落事故。

7）中毒窒息事故会发生在工人清理污水管时，在人工挖孔桩中、在顶管施工中，在室内取暖一氧化碳中毒等情形中。从时间上来看，上午6点到9点的时候事故比较多，工作分配、安排任务后工人到各自的岗位上，7：30点以后工作会达到满负荷，但是这个时间段工人注意力不是很集中，容易出现伤亡的事故。而9点到12点的时候，工种交叉作业增多，工人手头的活越来越多，这个时候只要稍微有点分心就会发生事故。下午将近6点快下班的时候，工人的注意力又开始分散，极易发生事故。晚上6点到9点，有时为了赶工期，晚上要加班，夜间灯光、环境等各种因素和个人体力、精神下降，也容易导致事故的发生。通过对伤亡时间分布的分析，提示我们可以在事故高峰期的时候，加强安全管理和安全监督、检查工作，这样就可以减少事故的发生。

（2）施工现场安全事故的预防

在施工现场中，由于多单位、多工种集中到一个场地，而且人员、作业位置流动性较大，因此对施工现场的安全管理必须坚持“安全第一，预防为主”的方针，建立健全安全责任制和群治群防制度，施工单位应按照建筑业安全作业规程和标准采取有效措施，消除安全隐患，防止伤亡和其他事故发生。

1）安全教育

近年来，随着建设规模的逐渐扩大，建筑队伍也急剧膨胀，大批未经过安全培训教育的人员，尤其是来自农村和边远地区的农民工，被补充到建筑的队伍中来。一些企业和个人为片面追求经济效益，见利忘义，在新工人进入施工现场上岗前，没有对他们进行必要的安全生产和安全技能的培训，在工人转岗时，也没有按照规定进行针对新岗位的安全教育。针对上述情况，当前急需对建筑施工的全体从业人员，尤其是新职工进行普遍的、深入的、全面的安全生产和劳动保护方面的教育，使他们掌握安全生产知识和技能，提高每个人的安全预防意识，树立起群防群治的安全生产新观念，真正从思想上认识安全生产的重要性，从实践中体验劳动保护的必要性。

依法加强安全生产教育培训，提高施工现场作业人员的安全生产意识

（A）我国安全生产管理的方针是“安全第一，预防为主”。

（B）安全生产教育培训工作必须建立在“安全第一、预防为主”的基础上，这样才能使对工人进行的安全生产知识技能培训落到实处：如生产经营单位应当对从业人员进行安全生产教育和培训，保证从业人员具备必要的安全生产知识，熟悉有关的安全生产规章制度和安全操作规程，掌握本岗位的安全操作技能。未经安全生产教育和培训合格的从业人员，不得上岗作业；生产经营单位的特种作业人员必须按照国家有关规定经专门的安全作业培训，取得特种作业操作资格证书，方可上岗作业。

（C）建筑施工企业必须严格执行相关法律法规要求，严格按照相关规定内容对工人进行安全生产教育培训，同时各级安全生产主管部门必须严格执法，加强对建筑施工企业安全生产教育培训特别是对农民工的培训进行监督，真正做到有法必依、执法必严，才能确保建筑企业安全教育培训工作的实效性，才能够实现安全生产。

2）建立健全安全生产培训教育制度，加强安全生产培训教育制度的执行力度

A. 建立健全安全教育培训责任制，明确安全教育责任，落实安全教育培训制度。

B. 首先要明确施工现场各级教育培训的责任，确立安全教育培训的实施责任人，同时明确现场安全教育接受者的主体——施工现场全体人员；其次要加强对责任主体的监督和考核，对考核不合格的责任人进行换岗或清退；第三要注意培养安全教育实施责任人的职业素养和责任感。

C. 建立健全三级安全教育培训制度和安全技术交底制度，明确安全教育内容、学时，加强作业人员的教育培训，在每一位新工人入场（或转换工种）后严格按照《建筑业企业职工安全培训教育暂行规定》中相关要求做好每一级安全教育培训工作和安全技术交底工作，真正做到先培训、后上岗。

3）完善安全生产培训知识的内容，增强培训内容的针对性。

A. 新工人入场后，要严格按照《建筑业企业职工安全培训教育暂行规定》中相关要求做好各级培训教育工作和安全技术交底工作，同时，也要在施工过程中对工人进行经常性的安全生产教育，在教育的过程中，必须确保教育内容的针对性，真正达到进行安全生产教育的目的。

B. 三级安全教育的内容主要包括：第一级公司安全培训教育的主要内容是国家和地方有关安全生产的方针、政策、法规、标准、规范、规程和企业的安全规章制度等。第二级项目安全培训教育的主要内容是工地安全制度、施工现场环境、工程施工特点及可能存在的不安全因素等。

C. 第三级班组安全培训教育的主要内容是：本工种的安全操作规程、事故案例剖析、劳动纪律和岗位讲评等。

D. 安全技术交底的主要内容是：施工项目的作业特点和危险点、针对危险点的具体预防措施、应注意的安全事项、相应的安全操作规程和标准、发生事故后应及时采取的避难和急救措施等。

4）在施工现场的安全教育中，我们要灵活运用各种方式方法对工人进行安全生产教

育，特别是要在加强施工管理人员在现场对工人的不安全行为、物的不安全状态以及作业环境的不安全因素和管理缺陷等的整改，在整改过程中对工人进行现场对比教育，加深工人对教育内容的印象，提高工人对安全隐患危害性的认识，进而达到提高工人的自我保护意识和安全生产意识，最终实现安全生产。注重安全培训教育的效果，加强对作业人员的安全生产知识考核。

5）安全培训教育的目标是使工人充分掌握必要的安全知识和安全技术，自觉遵守工作纪律和安全操作规程，保证忙而不乱，最终达到“我懂安全、我要安全、从我做起、保证安全”的根本目的。为了达到这个目的，对作业人员进行安全知识考核十分重要，进场的每一位工人进行安全教育培训后，严格执行考核上岗制度，根据工种进行安全操作规程、安全注意事项等方面的考核，合格后方能上岗作业，提高施工现场作业人员的安全操作技术水平、安全生产意识和自我保护能力，做到规范化施工、标准化作业，确保最终实现安全生产。

（3）安全措施检查、验收与改进

1）安全检查是发现并消除施工过程中存在的不安全因素，宣传落实安全法律法规与规章制度，纠正违法指挥和违章操作，提高各级负责人与从业人员安全生产自觉性与责任感，掌握安全生产状态和寻找改进需求的重要手段，项目经理部必须建立完善的安全检查制度。安全检查制度应对检查制度、方法、事件、内容、组织的管理要求、职责权限，以及检查中发现的隐患整改、处置和复查的工作程序及要求作出具体规定，形成文件并组织实施。安全检查的要求：

A. 根据施工的特点，法律法规、标准规范和规章制度的要求，以及安全检查的目的确定。

B. 安全检查的内容应包括安全意识、安全制度、机械设备、安全设施、安全教育培训、操作行为、劳动用品的使用、安全事故的处理等项目。

C. 根据安全检查的形势和内容，明确检查的参与部门和专业人员，并进行分工。

D. 根据安全检查的内容，确定具体的检查项目及标准和检查评分标准，同时可编制相应的安全检查评分记录表。

E. 按检查评分表的规定逐项对照进行评分，并做好具体的记录，特别对不安全的因素和扣分原因做好记录。安全验收：为保证安全技术方案和安全技术措施的实施和落实，工程项目应建立安全验收制度。施工现场的各项安全措施和新搭设的脚手架、模版、临时用电、起重设备等，使用前必须经过安全检查，确认合格后进行签字验收，并进行使用安全交底，方可使用。工程项目专职安全技术人员应参与验收，并提出自己的具体意见或见解，对需要重新组织验收的项目要督促相关人员尽快整改。

2）安全隐患的处理：凡在安全检查中发现的安全隐患应按照“四定”的原则，既定整改责任人、定整改措施、定整改完成时间、定整改验收人，由安全检查负责人签发安全隐患整改通知书，落实整改并复查。重大安全隐患要在规定期限内百分百整改完毕。对查处或发现的重大安全隐患有可能导致人员伤亡或设备损坏时，安全检查人员有权责令其立即停工，待整改验收合格后方可恢复施工。检查出的违章、严重违章隐患及重大隐患，凡不按期整改销案者，依据有关规定给予处罚，由此引发的事故，可依法追究责任者的法律责任。安全生产管理人员应对纠正和预防措施的实施的过程和实施方案，进行跟踪检查，保存验收记录。

(4) 安全事故的处理

1) 在施工现场一旦发生安全事故，事故的调查将是确定事故原因，定义事故性质以及事故处理的重要依据。

2) 一般的事故调查的基本步骤包括现场处理、现场勘查、物证收集、人证问讯等主要工作。其中事故现场勘查是整个事故调查的中心环节。其主要目的是为查明当事各方在事故之前和事发之时的情节、过程以及造成的后果。通过对现场痕迹、物证的收集和检验分析，可以判明发生事故的主、客观原因，为正确处理事故提供依据。因而全面、细致地勘察现场是获取现场证据的关键。在事故现场，勘察人员到达后，首先向事故当事人和目击者了解事故发生时的情况和现场是否发生变动，如有变动，应先弄清变动的原因和过程，必要时可根据当事人和证人提供的事故发生时的情形恢复现场原状以利实地勘察。

3) 现场照相是收集证据的重要手段之一，其主要目的是通过拍照的手段提供现场的画面，包括部件、环境以及能帮助发现事故原因的物证等，证实和记录人员伤害和财产损失的情况。特别是对于那些肉眼看不到的物证、当进行现场调查时很难注意到的细节或证据、那些容易随时间逝去的证据及现场工作中需要移动位置的物证，现场照相的手段更为重要。

4) 事故分析是根据事故调查所取得的证据，进行事故的原因分析和责任分析。事故的原因包括直接原因、间接原因和主要原因；事故责任分析包括事故的直接责任者、领导责任者和主要责任者。事故分析包括现场分析和事后深入分析。现场分析是在现场实地勘测和现场访问结束后，由所有现场勘查人员，全面汇总现场勘查和现场访问所得的材料，并在此基础上，对事故有关情况进行分析研究和确定对现场处置的一项活动。它既是现场勘查活动中一个必不可少的环节，也是现场处理结束后进行深入分析的基础。事后深入分析则是在充分掌握资料和现场分析的基础上，进行全面深入细致的分析，其目的不仅在于找出事故的责任者并作出处理，更在于发现事故的根本原因并找出预防和控制的方法和手段，实现事故调查处理的最终目的。

5) 完成事故分析以后，事故调查和处理的最后一项工作就是事故的报告。事故调查报告是事故调查分析研究成果的文字归纳和总结，其结论对事故处理及事故预防都起着非常重要的作用。因而，调查报告的撰写一定要在掌握大量实际调查材料的基础上进行研究而成。而且要求内容实在、具体，文字形象生动，较能真实客观地反映事故的真相及其实质。这样才能对人们起到启示、教育和参考的作用，从而搞好事故的预防工作。

6) 建筑企业是安全生产的真正责任主体，只有认真的规范企业安全生产行为，从根本上改善企业的安全生产条件，明确和落实企业的安全生产主体责任，才能控制和减少事故的发生。建筑企业内部必须制定包括教育制度、检查制度、技术制度、奖惩制度在内的健全的安全制度，明确各层安全管理考核指标，将安全生产管理责任制层层落实，严格要求员工必须照章办事，遵章守纪，抛弃主观感觉的错误观念，建立客观的科学的安全观念。从法规、文化、技术、管理等方面有组织的开展系统的安全培训，尤其对农民工的安全意识要特别加以关注，增强全员的安全意识，把建筑安全政策法规与安全行为准则化为人们的自觉行为规范，大幅度降低事故发生的概率。此外，要加大安全技术方面的投入，建立重大事故应急救援处理预案，最大限度地降低事故带来的经济损失和减少人员伤亡。

（5）安全生产业绩的考核评分（详见表 5-1）

安全生产业绩单项评分 表 5-1

序号	评分项目	评分标准	评分方法	应得分	扣减分	实得分
1	生产安全事故控制	·安全事故累计死亡人数 2 人，扣 30 分 ·安全事故累计死亡人数 1 人，扣 20 分 ·重伤事故年重伤率大于 0.6%，扣 15 分 ·一般事故年平均月频率大于 3%，扣 10 分 ·瞒报重大事故，扣 30 分	查事故报表和事故档案	30		
2	安全生产奖罚	·受到降级、暂扣资质证书处罚，扣 25 分 ·各类检查中项目因存在安全隐患被指令停工整改，每起扣 5～10 分 ·受建设行政主管部门警告处分，每起扣 5 分 ·受建设行政主管部门经济处罚，每起扣 10 分 ·文明施工，国家级每项加 15 分，省级加 8 分，地市级加 5 分，县级加 2 分 ·安全标化工地，省级加 3 分，地市级加 2 分，县级加 1 分 ·安全生产先进单位，省级加 5 分，地市级加 3 分，县级加 2 分	查各级行政主管部门管理信息资料，各类有效证明材料	25		
3	安全设施和防护管理	·按《建筑施工安全检查标准》JGJ 59—2011 对施工现场进行各级大检查，项目合格率低于 100%，每低 1%扣 1 分，检查优良率低于 30%，每 1%扣 1 分 ·省级及以上安全检查通报表扬，每项加 3 分；地市级安全生产通报表扬每项加 2 分 ·省级及以上通报批评每项扣 3 分，地市级通报批评每项扣 2 分 ·因不文明施工引起投诉，每起扣 2 分 ·未按建设安全主管部门签发的安全隐患整改指令书落实整改，扣 5～10 分	查各级行政主管部门管理信息资料，各类有效证明材料	25		
4	特种设备管理	·企业未贯彻安全生产管理体系标准，扣 20 分 ·施工现场未推行安全生产管理体系，扣 5～15 分 ·施工现场安全生产管理体系推行率低于 100%，每低 1%扣 1 分	查企业相应管理资料	20		
		分项评分		100		

评分员： 年 月 日

六、施工项目部安全内业管理

（一）施工安全目标管理的安全内业管理

1. 施工安全目标管理的安全内业管理规定

（1）建筑施工工程开工前，建设单位、监理单位和施工单位应一同制定施工现场安全管理总目标，包括：制定伤亡施工指标，建立安全达标和文明施工目标，以及明确规定施工现场需要采取的安全措施。

（2）建立施工现场安全目标责任书。将施工现场总的安全管理目标逐级分解，按照不同层级的目标，同各个管理层签订施工现场安全目标责任书。同时，制定安全目标责任考核办法及实施措施，每月考核，记录在册。

2. 施工安全目标管理的安全内业管理要素

1）制定工程安全管理目标，安全管理目标应明确到各个班组，目标要明确、具体，包括：伤亡控制指标、安全生产和文明施工达标率、优良率等。其中，伤亡控制指标是指在项目施工的全过程中，伤亡人数占所有施工人数的百分率，这个百分率应不超过0.2%，施工安全达标目标是指在项目施工中应达到的安全状况及等级。文明施工目标是指为搞好工程项目文明施工，消除脏、乱、差现象所制定的目标。

2）把安全管理总目标按基础、主体、装饰三个施工阶段进行分解，制订分阶段目标，分阶段目标是保证总目标的基础。同时把施工各个分项的安全管理责任分解落实到各个安全责任人。

3）制定项目经理、项目技术负责人、安全员等管理人员的责任目标考核规定。“管理人员责任目标考核规定”是依据制定的安全管理目标及分解目标，进行量化考核所制定的规定。例如：考试、检查、考评应达多少分才是合格，同时与经济效益挂钩等。

4）管理人员安全责任制考核和班组安全责任目标考核由项目部执行，每月考核一次，评定等级分为合格、不合格，考核结果与经济挂钩，进行奖罚，并分别填写考核记录表。

5）项目安全目标考核由公司安全技术部门执行，每月、每个施工阶段完成以及工程竣工均进行一次考核，评定等级分为合格、不合格，将考核结果对照经济承包合同中相关条款进行奖罚，并填写项目安全目标考核记录表。

6）考核等级评定为合格或不合格的依据是：是否能完成有关责任目标。

（1）目标与任务管理

1）杜绝重大事故、重大火灾、爆炸事故，轻伤频率控制在3‰以下。

2）施工现场必须做好安全生产，文明施工。并根据公司文明施工管理规章制度的要求，争创安全文明示范工地。

3）按照《建筑施工安全检查标准》JGJ 59—2011 的要求，施工现场安全达标合格率为 100%，其中优良率要达到 60%以上。

4）项目部必须设立安全管理领导机构，按职工总数 5‰比例配备专职安全管理员，工程总建筑面积达到 1 万 m^2 以上，必须配备 2～3 人的专职安全员。

5）各班组应指定 1～2 人为兼职安全管理员，并明确责任到人。

6）提高项目经理部整体安全管理素质，项目经理必须经过安全培训，专职安全员必须做到持证上岗。

（2）措施和要求管理

1）各项目经理部要把安全管理工作列入项目经理的重要议事日程，成立施工现场安全生产领导小组，每月至少召开一次安全生产例会研究解决施工现场安全生产工作中存在的问题，及时布置、检查落实安全工作。

2）明确职责，抓好安全生产责任制落实，进一步明确项目经理是本项目安全生产第一责任人的责任岗位体系，完善以第一责任人为核心，分级负责，层层把关的安全生产责任制，做到责任明确、措施得力、落实到人。

3）开展创建文明示范工地活动，做到文明施工、整齐有序，以文明施工促进安全生产水平提高，促进施工现场安全达标活动全面落实。

4）保证安全防护设施和设备的投入，严格控制不合格标准的安全防护用品及机具设备进入施工现场。

5）全面执行工程建设安全生产强制性标准，每旬组织一次工地自检，对存在的事故隐患实行“三定”，对高处坠落、坍塌、触电、中毒等“四大伤害”事故要强有力的防护措施，出现事故，要坚持“四不放过”的原则。认真执行安全事故报告制度。

6）深入开展施工现场安全达标活动，对尚未达标的项目，要采取强有力的措施，保证安全达标目标的全面落实。对存在安全隐患一时难以整改的要采取切实有效防范措施，防止因隐患失管失控而导致事故发生。

7）大力做好安全教育培训工作，以提高广大职工的安全生产观念，增强自我保护能力，遵守各项安全操作规程。

8）对各项目经理部安全生产目标管理执行和落实情况要进行不定期检查，年终组织考评，对完成管理目标达标的项目部给予通报表彰，同时发给安全生产目标达标奖励，未能完成的给予通报批评，并按有关规定处以 1000～10000 元经济处罚。对于管理不力，造成伤亡事故的，将根据《建设工程安全生产管理条例》中的规定处理。

（二）施工现场班前安全活动

1. 施工现场班前安全活动管理规定

（1）建设、监理以及施工单位应共同建立健全施工现场班前安全活动制度，根据施工现场的实际情况，明确班组作业特点，提供安全操作规程，在班前指出易发生事故的不安全因素及其防范对策，同时应详细描述作业环境与提出使用的机械设备、工具的安全要求，强调意外突发事故的防范措施。

（2）每个班组应单独建立活动记录档案

1）班组长应当认真做好每天的活动记录，参加人员应签字确认。

2）班组长应当把每天班前的安全作业条件检查情况及时向班组施工人员交代和部署，并要逐项记录到安全活动记录中，同时也应把安全技术交底的有关事项记录到安全活动记录中，并向班组人员进行交底。

3）班前安全活动记录移交给安全资料员统一保存，以备查用。

（3）建筑施工项目的班组应对每一项班前活动情况、检查情况、讲评活动内容等详细记录并提供行之有效的考核措施。

2. 施工现场班前安全活动管理要素

1）班组要经常性地在班前开展安全活动，形成制度化：

A. 搞好安全生产，建立班组活动制度，安全管理工作做到纵向到底，横向到边，落实班组安全工作是搞好施工安全的关键基础，增强职工安全意识和自我保护能力，班前活动是至关重要的工作，各班组必须切实执行班组班前安全活动制度。

B. 班组是安全技术措施落实与执行的最基层组织，是直接责任者，搞好班前安全活动有利于班组成员认真落实安全技术交底，发现作业环境的不安全因素，避免违章作业，能更好地预防安全事故的发生。

2）根据工程中各工种安排的需要，按工种不同分别填写班组班前安全活动记录。

A. 班组每变换一次工作内容或同类工作变换到不同的地点都要进行班前安全活动，在进行班前安全活动的同时，要做好活动记录。

B. 此记录可作为班组执行班前安全活动制度的凭证，是有效跟踪并掌握班组安全活动的可靠证据。班前安全活动记录填写不能简单化、形式化。

（1）施工现场班前安全活动制度

1）班组必须经常性在班前开展安全活动，形成制度化，且要保证班前安全活动记录的完整性。班组不得寻找借口，取消班前安全活动；班组组员决不能无原因不参加班前安全活动。

2）班组长应根据班组承担的生产和工作任务，合理地、科学地安排好班组生产管理工作。

3）班前安全活动要做到每天进行、每天记录。不能以布置生产工作替代安全活动内容：班组长和班组兼职安全员负责督促检查安全防护装置，班前班组全体成员要提前15min到达岗位，在班组长的组织下，进行交接班，召开班前安全会议，清点人数，由班组长安排工作任务，针对工程施工情况、作业环境、作业项目，交代安全施工要点。

4）要按作业计划做好生产的一切准备工作，全体组员要在穿戴好劳动保护用品后，上岗交接班，熟悉上一班作业安全情况，检查设备和工况完好情况，按作业计划做好生产的一切准备工作。

5）项目经理及其他项目管理人员应分头定期、不定期地检查或参加班组班前安全活动会议，以监督、抽查和指导的方式提高安全活动会议的质量；项目安全员应不定期地抽查班组班前安全活动记录，看是否有漏记，对记录质量状况进行检查。

6）安全例会制度内容应包括：

A. 例会上要讲评上周安全情况，提出注意事项，汇报有关安全工作实际问题。

B. 进行安全宣讲，分析安全事例原因、特点、结合工程实际，分析阶段安全形势，制定行之有效的对策。

C. 传达上级有关文件精神，总结上周安全工作经验、教训、指定并布置下周安全工作重点。

D. 查找事故隐患和不安全因素，消灭事故苗头，学习安全法规，交流经验和体会。

E. 项目部每周由项目经理（或委托他人）主持召开全体施工管理人员、特种工作人员、各班组长会议。

F. 严格考勤、记录、无故缺席应予罚款，无特殊情况不准请假。

（2）施工现场班前安全活动主要内容

1）上班前各班组应实行班前安全生产教育交底：讲解现场一般安全知识、作业安全交底的内容和措施，其中交底内容主要包括：（根据本班组工作内容进行电器、机械设备"四口五临边"防护高处作业、季节气候、防火等各种环节的情况进行有针对性的交底和提出针对性的预防措施）。

2）当前作业环境应掌握的安全技术操作规程，同时应考虑季节性施工作业环境、作业位置安全。

3）落实岗位安全生产责任制，设立、明确安全监督岗位，并强调其重要作用。

4）上岗检查机械设备的安全保险装置是否完好有效，以及各类安全技术交底措施的落实工作情况等。

A. 检查设备安全装置，检查工机具状况；

B. 检查个人防护用品的穿戴情况；

C. 危险作业的安全技术的检查与落实；

D. 作业人员身体状况，情绪的检查；

E. 检查安全标志、安全设施是否完好，禁止乱动，损坏安全标志，乱拆安全设施等现象；

F. 不违章作业，拒绝违章指挥；

G. 材料、物资整顿，工具、设备整顿；

H. 活动现场工作的落实等。

5）做好上岗记录，记录好上岗交底主要内容，班组人员分工情况，记录好上岗检查后存在主要的不安全因素，和采取的相应措施和发生事故苗子、违章情况。

6）检查过程中发现的问题，采取措施作出处理意见，并付诸实施，并作好记录，作好签字手续。

7）在做好每日班组上岗活动的基础上，班组每周日必须执行安全活动工作，利用上班前后进行一周的安全生产工作的小结，表扬先进事例和遵章守纪的先进个人，小结主要经验教训，针对不安全因素，发动职工提出改进措施，从中吸取经验教训，举一反三，做到安全生产警钟长鸣。上述各项活动制度，各班组必须执行，项目部做好监督指导工作。

8）开展班组班前"三上岗、一讲评"活动，即班组在班前须进行上岗交底、上岗检查、上岗教育和每周一次的"一讲评"安全活动，并有班组的安全活动的考核措施。

9）班组班前活动和检查、讲评活动等应有记录并有考核措施。

10）施工现场安全日记记录内容应包括：

A. 当天生产活动中的安全生产问题及处理情况简要记录以及工人进场安全教育和工程分部、分项安全技术交底简要记录。

B. 分公司（工程项目组）、公司、上级有关部门检查情况记录；工地自检和开展安全生产活动情况记录。

C. 隐患整改、回复情况记录；未遂事故和工伤事故情况记录。

D. 添置安全防护设施、用具进场情况记录；脚手架搭设、安全网张挂、电线架设、垂直运输机械、施工机具等的安装、检查、验收、使用情况记录。

E. 与甲方或分包等单位安全往来情况记录。

F. 奖罚情况记录。

（三）文明施工的安全内业管理

1. 文明施工的安全内业管理规定

（1）建筑施工现场的封闭管理，施工单位应制定进出施工大门的门卫制度，建立外来人员进场登记制度。

（2）施工单位应建立建筑施工现场的建筑材料堆放规定，规定中应明确建筑材料堆放的一般要求、特殊建筑材料的堆放规定。同时，制定施工现场的场地清理制度，对清理物资进行合理分类，并有针对性地制定清理规定。

（3）建筑施工现场需建立消防防火责任制和管理制度，明确指出消防防火重点部位（易燃易爆物品堆放间、木工间、油漆间）并建立消防安全措施，建立施工现场消防重点部位登记、检查文档，动火作业审批表，义务消防人员登记表。

（4）施工现场应做好现场标识的内业资料管理，明确规定安全警示标志的放置位置，如暂时停工发生，应提供暂时停工的现场防护说明。

（5）施工单位应做好治安综合治理的内业资料管理，建立治安保卫责任制，治安保卫防范制度，提供专职保安人员名册，保留治安综合检查记录。

（6）施工单位针对毗邻的建筑物构筑物和特殊作业环境可能造成损害的情况，应建立对施工现场周围环境以及毗邻建筑物的专项防护措施。

（7）施工单位应提供施工现场使用的装配式活动房屋的产品合格证明。

2. 文明施工的安全内业管理要素

（1）文明施工的基本条件

1）有整套的施工组织设计或施工方案，工序衔接交叉合理，交接责任明确。

2）有健全的施工指挥系统和岗位责任制度。

3）有严格的成品保护措施和制度。

4）施工场地平整，道路畅通，排水设施得当，水电线路整齐；大小临时设施和各种材料、构件、半成品按平面布置堆放整齐。

5）施工作业符合消防和安全要求，机具设备状况良好，使用合理。

（2）文明施工主要内容

1）创造文明有序安全生产的条件和氛围，规范场容、场貌，保持作业环境整洁卫生。

2）减少施工对居民和环境的不利影响，落实项目文明建设。

（3）文明施工管理基本要求

1）建筑工程施工要做到工完场清、施工不扰民、现场不扬尘、运输无遗撒、垃圾不乱弃，努力营造良好的施工作业环境。

2）建筑工程施工现场应当做到围挡、大门、标牌标准化、材料码放整齐化（按照现场平面布置图确定的位置集中、整齐码放）、安全设施规范化、生活设施整洁化、职工行为文明化、工作生活秩序化。

（4）文明施工管理要点

1）现场必须实行封闭管理，现场出入口应设大门和保安室，大门或门头设置企业名称和企业标识，建立完善的保安值班管理制度，严禁非施工人员任意进出。

2）场地四周必须采用封闭围挡，围挡要坚固、整洁、美观、并沿场地四周连续设置。一般路段的围挡高度不得低于1.8m，市区主要路段的围挡高度不得低于2.5m。

3）现场出入口明显处设置“五牌一图”（工程概况牌、管理人员名单及监督电话牌、消防保卫牌、安全生产牌、文明施工和环境保护牌及施工现场总平面图）。

4）现场的主要机械设备、脚手架、密目式安全网与围挡、模具、施工临时道路、各种管线、施工材料制品堆场及仓库、土方及建筑垃圾堆放区、变配电间、消防栓、警卫室、现场的办公、生产和临时设施等的布置与搭设，均应符合施工平面图及相关规定的要求。

5）现场的临时用房应选址合理，并符合安全、消防要求和国家有关规定；现场的施工区域应与办公、生活区划分清晰，并应采取相应的隔离防护措施，在建工程内严禁住人。

6）现场的场容管理应建立在施工平面图设计的合理安排和物料器具定位管理标准化的基础上，项目经理部应根据施工条件，按照施工总平面图、施工方案和施工进度计划的要求，进行所负责区域的施工平面图的规划、设计、布置、使用和管理。

7）现场应设置办公区、宿舍、食堂、厕所、淋浴间、开水房、文体活动室、密闭式垃圾站或容器（垃圾分类存放）等临时设施，所用建筑材料应符合环保、消防要求；现场应设置畅通的排水沟系统，保持场地道路的干燥坚固，泥浆和污水未经处理不得直接排放。施工场地应硬化处理，有条件时可对施工现场进行绿化布置。

8）施工现场应加强治安综合治理、社区服务和保健急救工作，建立和落实好现场治安保卫、施工环保、卫生防疫等制度，避免失盗、扰民和传染病等事件发生。

9）现场应建立防火制度和火灾应急响应机制，落实防火措施，配备防火器材。明火作业应严格执行动火审批手续和动火监护制度。高层建筑要设置专用的消防水源和消防立管，每层设置消防水源接口；现场应按要求设置消防通道，并保持畅通；现场应设宣传栏、报刊栏，悬挂安全标语和安全警示标志牌，加强安全文明施工的宣传。

（5）文明施工安全内业标准化管理措施

1）文明施工专项施工方案应依据下列文件资料编制：

A. 工程招投标文件；

B. 工程施工组织设计；

C. 工程周边建筑施工环境情况（如地质地貌环境、大气环境、道路及地下管线等）；

D. 国家、行业、地方标准及技术管理法规，及行政文件规定等。

2）文明施工专项施工方案的内容主要包括：

A. 工程概况；

B. 编制依据；

C. 施工平面布置策划；

D. 安全生产措施策划；

E. 文明施工措施策划；

F. 绿色施工措施策划；

G. 环境保护措施策划；

H. 消防安全措施控制；

I. 其他内容。

3）现场围挡

A. 建筑工地围挡使用前应组织相关人员验收，经验收合格后方可使用。如果使用单位使用建设单位或收储土地整理单位留设围墙的，应进行检查，确保安全后方可接收使用（因为在深基坑影响范围内、人员流动较密集区域如果采用砌体围挡，发生围墙倒塌事故会伤及路人或作业工人，基于安全考虑，围墙可以采用轻便的彩钢板）。

B. 建筑工地围挡使用一定时间后，应定期进行安全检查，当出现开裂、沉降、倾斜等险情时，应立即采取相应加固措施，确保围墙坚固、安全。

4）封闭管理

A. 根据《建筑施工安全检查标准》JGJ 59—2011 规定，工地必须沿四周连续设置封闭式围挡，人员进出应有专人负责，防止闲杂无关人员随便进入施工现场。可以在工地门卫值班室配备一定数量的安全帽，使人员进入施工现场时能及时佩戴，便于加强安全管理。

B. 由于建筑工地人员进出频繁，施工现场应建立门禁、指纹或刷卡等电子考勤系统，及时掌握建筑工人出勤情况，便于加强建筑工人管理。

C. 建筑工地施工区域大门应采用铁质材料制作，大门和围墙形成封闭式围护，做到施工现场封闭式施工。办公区或生活区大门考虑美观效果，可以采用不锈钢推拉式伸缩门制作。

5）施工场地

A. 施工现场出入口、场内主要通道、加工场地及材料堆放区域应进行混凝土硬化处理，宽度应满足消防要求。如果场地比较大，考虑经济因素，次要道路也可以铺设碎石或塘渣，便于车辆行驶和人员通行。

B. 为解决建筑工人生活方便问题，施工现场应每隔四层设置临时便池设施，每天应安排人员定期清理。有条件的工地可在施工楼层设置水冲式小便器。

C. 施工现场应设置固定吸烟处，作业场所禁止吸烟，防止发生火灾事故。

6）材料堆放

A. 建筑材料、构配件及其他料具等必须做到安全、整齐堆放（存放），垛高不应超过 2m。现场存放的材料（如：钢筋、水泥等），为了达到质量和环境保护的要求，应有防雨水浸泡、防锈蚀等措施。

B. 建筑材料、构件、料具等成品或半成品应按施工现场总平面图布置合理，堆放整齐，标识标牌齐全。

C. 施工现场应建立材料收发管理制度。仓库、工具间材料应堆放整齐。现场易燃易爆物品必须严格管理，在使用和储藏过程中，必须有防暴晒、防火等保护措施，并应间距合理、分类存放，专人负责，确保安全。

7）施工现场标牌

A. 施工现场设置“五牌二图”，是在《建筑施工安全检查标准》JGJ 59—2011 规定要求施工现场设置“五牌一图”的基础上，结合我省施工现场安全生产管理要求。需要对施工现场的消防安全标识、消防通道等消防设施进行公示。

B. 各地区、施工企业也可以结合本地区、本单位实际情况增设标牌。

C. 施工现场应在合适位置设置宣传橱窗、读报栏、曝光台等宣传设施。大力宣传国家法律法规政策，普及建筑施工知识，及时通报建筑工地违规违纪行为，警示广大职工。

D. 夜间施工或人员经常通行的危险区域、设施、应安装灯光警示标志。

施工现场洞口、临边、主要通道口以及高处作业等危险区域、危险部位应悬挂安全警示标志。

8）保健急救

A. 施工现场须备有保健药箱，配备常用药箱和急救器材，教育工人会使用一些简单急救器材，开展作业工人急救常识教育，掌握一定的应急救援知识和应急救援技能。

B. 综合治理

施工现场应按有关规定成立民工学校，应配备电视机、书报、杂志等文体活动设施、用品。民工学校应建立教学组织，定期开展岗位操作技能、安全保护以及礼仪常识等方面教育活动，既要丰富职工业余文化生活，又要达到寓教于乐的目的。

（四）脚手架安全内业管理

1. 脚手架安全内业管理规定

（1）施工现场复杂脚手架的搭建，如落地式钢管扣件式脚手架、工具式脚手架、悬挑式脚手架、柱子墙体钢筋绑扎操作架、卸料平台及支撑体系等应在施工前编制相应专项施工方案，包含脚手架构造杆件搭接技术要求，搭设构造简图等。

（2）脚手架搭设单位应提供脚手架搭设过程中的安全防护措施。

（3）施工单位应有针对性地提供不同类型的脚手架搭建搭设检查验收记录。

（4）脚手架所使用的工字钢、吊环、钢丝绳、卸夹、钢管、密目网、大眼网、扣件、竹笆、跳板等必须有产品生产许可证、质量合格证、检验报告、检测报告、厂家备案证（复印件）以及建筑安全监督管理部门发放的准用证等搭设验收单。

2. 脚手架安全内业管理要素

（1）脚手架安全内业编制管理

1）脚手架施工及设计方案、审批手续

A. 以 24m 为界，24m 以上的脚手架施工方案应由该项目技术部编制，编制完毕后由各部门负责人进行会签，再经上一级技术负责人进行审批。

B. 方案审批表要有编制人、审批人签字，不能机打；要有编制时间；要盖项目红章（所使用的审批、会签表应统一）。

C. 脚手架方案要有针对性，不能照规范直接抄，要结合现场实际情况，方案里要有计算书、图例等，要能明确指导施工。

D. 脚手架方案如有改动，应重新进行更新，填写编制人、审批人及编制时间，时间要有可追溯性。

E. 搭设高度50m及以上的（落地式钢管脚手架工程不许超过50m）附着式整体和分片提升脚手架工程；悬挑式脚手架工程；新型及异形脚手架工程；均属危险性较大的分部分项工程范围，施工单位应当组织由5名及以上符合相关专业要求的专家对专项方案进行论证。（要求详见《危险性较大的分部分项工程安全管理办法》建质（2009）87号）

2）脚手架验收记录

A. 项目部对脚手架的验收工作应分部分项，在搭设完架体后应及时组织监理、技术、使用单位等相关人员进行验收工作。

B. 验收表内应明确验收部位、高度、日期，不存在项应及时划掉，不予填写；验收人员应手签字，不得代签；脚手架验收表应使用《建设工程施工现场安全资料管理规程》CECS 266—2009内的表格。

C. 脚手架验收记录应包括：

（A）脚手架搭设拆除专项施工方案。

（B）扣件式钢管（单、双排、满堂）脚手架搭设验收记录。

（C）碗扣式钢管脚手架搭设验收记录。

（D）门式钢管脚手架搭设验收记录。

（E）悬挑式脚手架搭设验收记录。

（F）高处作业吊篮安装验收记录。

（G）承插型盘扣式钢管脚手架验收记录。

（H）附着式升降脚手架验收记录。

（I）施工操作平台搭设验收记录。

3）安全技术交底

A. 脚手架安全技术交底不得由安全员进行。

B. 安全技术交底应由班组长进行交底，写清施工单位、交底部位，针对性交底一栏不得空，应手填；交底人应要求接受交底人逐一进行签字，不得不签或代签。

C. 安全技术交底应按施工部位、节点，分部分项进行；施工班组应严格按照交底进行施工，严禁不交底施工。

4）脚手架检查记录、隐患整改记录

A. 每月进行两次检查评分工作，时间应有间隔性。

B. 检查记录严格按照五个档次（0、50%、70%、90%、100%）进行打分，缺项的要划掉，并在总分中将其分数扣除。

C. 凡有扣分的项，均要注明扣分原因，后面要逐条附上整改内容，有检查人、复查人签字。

D. 如一时无法整改到位的问题，应在整改内容里写明原因：重复问题不得再次出现。

5）职工应知应会

A. 特殊工种试卷要有针对性，卷头上要有工程名称、答卷人姓名、单位、答卷时间。

B. 工程所有架子工均要进行答卷，不得不答或代答。所有试卷均应保存到内业资料中。

C. 所有试卷均用红笔判对错，扣分处要注明扣分原因，得分要与扣分相符并及时收回。

D. 所有试卷均应登记成成绩单。

E. 将所有架子工上岗证复印件与应知应会试卷一一对应放在一起以备检查。

6）班前讲话记录

班组要有每天的班前讲话记录，要有针对性，安全注意事项，施工部位，参加班前教育人的人员名单等。

7）脚手架的重要规范要求及强制性标准

在对架子工进行指导工作及纠正施工错误时的依据，一定要满足安全施工的条件，具有有力的说服力。

8）工程项目脚手架资料

A. 脚手架、卸料平台和支撑体系的设计及施工方案。

B. 落地式钢管扣件式脚手架、工具式脚手架、卸料平台及支撑体系等应在施工前编制相应专项施工方案。

C. 钢管扣件式支撑体系验收表。

D. 水平混凝土构件模板或钢结构按照使用的钢管扣件式支撑体系搭设完成后，工程项目部应依据相关规范、施工组织设计、施工方案及相关技术交底文件，由总承包单位项目技术负责人组织相关部门和搭设、使用单位进行验收，填写《钢管扣件式支撑体系验收表》，项目监理部对验收资料及实物进行检查并签署意见。

E. 落地式（或悬挑）脚手架应根据实际情况分段、分部位，由工程项目技术负责人组织相关单位验收。六级以上大风及大雨后、停用超过一个月后均要进行相应的检查验收，检查验收内容应按照相应验收表进行验收，相关单位参加。每次验收，项目监理部对验收资料及实物进行检查并签署意见，合格后方可使用。

F. 工具式脚手架安装验收表。

G. 外挂脚手架、吊篮脚手架、附着式升降脚手架、卸料平台等搭设完成后，应由工程项目技术负责人组织有关单位按照相应脚手架验收表所列内容进行验收，合格后方可使用，验收时可根据进度分段、分部位进行。每次验收时项目监理部对验收资料及实物进行检查并签署意见。

（2）脚手架安全内业施工过程管理

1）脚手架的设计管理

A. 施工脚手架搭设前，首先须明确脚手架的使用部位、范围、使用时间、功能要求、承重荷载、现场地形、地质条件，按规定划分脚手架的类别。

B. 凡高度大于等于 15m 的非承重脚手架（高脚手架）、所有承重脚手架，在搭设前必须按有关规范进行严格的计算、设计、提出设计报告，设计报告应包含结构计算书、脚手架施工图、详细的作业指导书及相应的文字说明（搭设技术要求、注意事项等相关内容），经评审后实施。

C. 在原始地形、开挖边坡上使用的脚手架，须实测脚手架使用范围的地形平面图及纵横剖面图，作为脚手架设计的基础资料。

D. 脚手架设计报告经审查后，任何人不得擅自变更，必须变更时，须重作设计并重新经审查后方可实施。

E. 高度小于15m的非承重脚手架（低脚手架），可以不进行专项设计，但须按相关规定提出标准的施工图及作业指导书、技术要求及注意事项等，作为脚手架搭设的通用指导文件。

F. 脚手架设计时，须保证：

（A）作业平台须满铺脚手板，有脚手板固定措施；

（B）作业平台、上下通道处有安全护栏或安全防护网；

（C）有人员上、下的通道（钢梯或爬梯），且固定牢靠；

（D）有可靠的锚固措施；

（E）用于边坡锚喷作业的脚手架必须是双排脚手架；

（F）有安全用电、消防措施。

2）脚手架材料使用管理

A. 施工脚手架可采用钢管扣件连接、门式架、承插钢管、其他型钢搭设，不得使用竹子、圆木等其他材料作为支撑体系搭设脚手架。

B. 脚手架所使用的钢管、扣件、门式架及型钢、安全网等材料质量必须符合国家相关技术标准要求，并附有出厂检验合格证。

C. 脚手架所用材料购买到工地后，须经质量检验部门检查、验收，签署检验合格证书后，方可投入使用。

D. 重复使用的脚手架材料（钢管、扣件、门式架及型钢、脚手板、安全网等），第一次使用后，必须进行严格检查、清理、修复，保证重复使用的材料质量，二次使用的材料，须经质量检查部门检查、验收，签署检验合格证书后，方可投入使用。

E. 有严重锈蚀、弯曲、压扁或裂纹的钢管严禁使用；旧扣件有裂缝、变形的严禁使用，出现滑丝的螺栓必须更换。

F. 木脚手板考虑到无出厂合格证，规定应使用厚度不小于5cm的木板，宽度20～30cm。凡是腐朽、扭曲、斜纹、破裂和大横透节的不得使用。

G. 竹编脚手架考虑到无出厂合格证，规定应使用厚度不小于5cm，宽度不小于30cm，中间应用9根直径8mm的螺栓将竹片连接在一起。凡腐朽、霉变、固定，竹夹板的螺栓少于规定数量或已损坏的不得使用。

3）脚手架搭设作业管理

A. 应按审核、批准的脚手架设计报告，向脚手架搭设人员进行详细的技术交底及安全培训、教育，并作好交底记录。未接受技术交底的作业人员，不得进行该项目脚手架的搭设工作。作业人员必须严格按照作业指导书及技术交底要求进行施工。

B. 脚手架搭设的主要人员（架子工）应按规定培训、考试合格，由国家安全生产监督管理部门发予架子工合格证的专业架子工担任。

C. 患有高血压、心脏病、贫血及其他不适于高处作业病症的人员，不得从事脚手架搭设工作。

D. 脚手架搭设人员必须按相关规定戴好安全帽、系牢安全带、不准穿塑料底和带钉子的硬底鞋上架作业；脚手架搭设人员，在作业过程中，精力要集中，安全带要随时固定在已搭建好的钢管上（不得固定在探头杆上），不得麻痹大意，预防坠落；脚手架搭设现场，应设安全人员警戒，严禁人员和车辆从其下方通过，以免物体坠落伤及人员和车辆。

E. 搭设脚手架，应尽量避开夜间工作。如需夜间施工，应有足够的照明，其搭设高度不应超过15m。

F. 在高处搭设脚手架时，严禁使用抛掷方法传送工具、材料。小型材料或工具应放在随身的工具袋内。

G. 从事30m以上的脚手架搭设，应与地面设联系信号或通讯装置，并应有专人负责指挥。

H. 当有六级及六级以上大风、雾和雷雨天气时，应停止脚手架搭设与拆除作业。

I. 施工人员未经技术人员同意，不得任意改变脚手架的结构或拆除部分杆件。

J. 对于边坡脚手架，在脚手架搭设前，须对边坡上的危石进行清理，在确保安全的前提下，方可开始搭设。

K. 严禁将不同规格的钢管混合使用，严禁在钢管上打孔。

L. 钢管立杆、大横杆的接头应错开，搭接长度不小于50mm，接头使用扣件不少于两个，立杆连接必须使用十字连接件。

M. 边坡脚手架搭设过程中，须及时作好底脚固定措施，底脚固定宜采用钢管与边坡锚杆焊接连接，连接应随脚手架的升高而升高，严禁脚手架搭设完毕后才来做与边坡锚杆的连接工作。钢管与边坡锚杆的连接宜水平连接，当不能水平连接时，与脚手架连接的一端应下斜连接，不应采用上斜连接。连接点应有足够的搭接长度，并焊接牢固。

N. 脚手架的支撑杆，在有车辆或搬运器材通过的地方要设置围栏并挂警示标志牌、带，以免受到通行车辆或搬运器材的碰撞。

O. 脚手架搭设时必须与输电线路保持足够安全距离，严禁在搭好的脚手架上无绝缘设施而直接架设施工用电线路，防止发生漏电事故。

P. 在高处作业平台上的脚手板必须满铺（要用10号或12号钢丝固定在脚手架钢管上），周围（临空面）应设1m高的防护栏杆和设20cm高的挡脚板或挂安全网，防止作业过程中人员和工具坠落。

Q. 脚手架须有良好的接地性，减小接地电阻在规范许可的安全范围内，避免雷击或漏电造成触电事故。

4）脚手架检查、验收管理

A. 施工脚手架验收严格实行“三级”检查、验收制。

（A）高度小于15m的非承重脚手架（低脚手架）由生产部自行组织验收，实行作业班组初检、生产部门二检，质量部、安全部联合终检。

（B）高度大于等于15m的非承重脚手架（高脚手架）、所有承重脚手架及特殊部位的脚手架，由作业班组组织初检，生产部门二检，技术部、质量部和安全部、监理部联合终检。

B. 脚手架验收时应填写“施工脚手架安全检查、验收和使用许可签证表”。

C. 脚手架经验收合格后，应挂“此排架验收合格，可以使用”牌（牌上必须注明允许载重量）和安全警示牌后，投入使用。

D. 脚手架搭设过程中，须加强搭设质量检查，尤其是高度较大的脚手架、大型的承重脚手架或特殊脚手架，生产部门应分阶段组织专项检查，专项检查合格后，方可继续搭设上升，以确保脚手架的搭设质量。

5）脚手架使用和维护管理

A. 在脚手架使用过程中，作业班组在每班作业前对脚手架、脚手板、人行通道、梯子和防护设施等进行检查，生产部门须定期（每周至少1次）对脚手架、脚手板、人行通道、梯子和防护设施等是否符合安全规程要求进行检查，并作好检查记录。对不符合安全要求的部位，应及时修理、加固，不得迁就使用。

B. 对重点部位、特殊项目的脚手架，安全监察部门每月应组织一次全面检查，并作好检查记录，对不符合安全要求的问题，督促生产部门及时进行处理，确保脚手架使用安全。

C. 脚手架不得超过设计荷载进行使用。脚手架上的施工荷载不得大于设计要求，不得超员、不得超载，不得将横板支架、泵送混凝土和砂浆的输送管等固定在脚手架上，防止外力振动影响脚手架的稳定；严禁在脚手架上悬挂起重设备。

D. 靠近爆破地点的脚手架；作业班组每次爆破后应对脚手架进行全面检查，作好检查记录。对被飞石损坏的杆件和扣件要及时进行更换。

E. 作业班组应加强对脚手架材料的防盗管理工作，避免脚手架钢管、扣件被盗，并加强日常检查、巡视，发现被盗钢管、扣件，及时报告并修复脚手架。

6）脚手架拆除管理

A. 15m以上及附着在岩壁上的悬空脚手架拆除时，由技术部门事先制定安全可靠的拆除方案，经审查批准、交底后，进行拆除工作。

B. 脚手架拆除前，必须将架子上的管路、线路、材料、设备等拆除并搬运到地面。

C. 脚手架拆除时应统一指挥，自上而下进行，严禁上下层同时拆除或自下而上进行或将整个脚手架推倒的方法进行拆除。

D. 脚手架与边坡锚杆的连接处必须随脚手架逐层拆除，严禁先将连接处整层或数层拆除后再拆脚手架；分段拆除高差不应大于两横杆。如高差大于两横杆，应增设与边坡锚杆的连接，进行加固后，再逐层拆除。

E. 拆下的材料，禁止往下抛掷，应用绳索捆牢慢慢放下，集中堆放在指定地点。

F. 拆除脚手架的区域内，须设专人警戒，无关人员、车辆禁止逗留和通过。

（3）脚手架记录控制及材质证明材料

1）各部门（班组）在进行脚手架交底检查过程中，应做好如下方面的记录：

A. 技术措施或作业指导书、操作规程等基础资料

B. 交底记录

C. 验收记录

D. 安全检查记录

2）材质证明

A. 脚手架钢管的产品质量合格证；质量检验报告；现场质量检验记录。

B. 扣件的产品质量合格证；质量检验报告；现场质量检验记录。

C. 脚手板的产品质量合格证；质量检验报告；现场质量检验记录。

D. 有关生产厂家的生产许可证；安全认证等资料。

E. 安全物资供应（租赁）单位的安全责任协议和评价资料。

F. 现场脚手架钢管、扣件、脚手板的质量检查、验收，签字人员至少 3 人以上。

（五）土方、基坑工程安全防护安全内业管理

1. 土方、基坑工程安全防护安全内业管理规定

（1）施工单位应做好基坑支护变形监测记录。

（2）施工单位应做好建筑施工现场的沉降观测记录，并制定防止临近建筑危险沉降的措施；施工单位应提供基坑的特殊部位检测记录。

（3）桩基础施工时，施工单位应该编制有针对性的安全预防措施，同时做好桩基础施工的防护检查记录。

（4）施工单位应提供土方、基坑工程详细的施工方案及验收记录：

1）专项施工方案中涉及施工现场安全的内容主要有：土方工程中应明确放坡要求或支护结构设计，明确规定当前工程使用机械类型的选择，明确指出开挖顺序和分层开挖深度，明确描述坡道位置，防止坑边荷载超载措施，明确划分车辆进出道路，制定降水排水措施及监测要求，制定针对重要的地下管线应采取的相应措施。

2）基础施工应进行支护，基坑深度超过 5m 的对基坑支护结构必须按有关标准进行设计计算，提供设计计算书和施工图纸。

3）基坑施工必须进行临边防护，施工单位必须提供临边防护记录；采用基坑支护的施工项目，施工单位应提供基坑支护验收记录。

（5）基坑施工应根据施工方案设置有效的排水、降水措施。深基坑施工采用坑外降水的，施工单位必须制定防止邻近建筑物危险沉降的措施方案。

（6）土方开挖时，施工机械应由施工单位安全管理部门检查验收后进场作业，同时做好验收记录，施工机械操作人员应提供工作证。

（7）土方、基坑工程垂直、交叉作业时施工单位应制定安全隔离防护措施。

2. 土方、基坑工程安全防护安全内业管理要素

（1）土方开挖的安全技术措施审核主要有如下几方面：

1）降排水及避免基坑漏水、渗水措施；

2）根据设计确定边坡放坡坡度及控制（预防）坍塌的安全措施；

3）临边防护及坑边荷载要求；

4）上下通道的设置；

5）施工运输道路的布置；

6）机械化联合作业时的安全措施；

7）土方开挖变形监测措施，土方开挖内容包括：

A. 施工机械进场安全验收：施工机械进场安全验收检查、验收，签字人员至少 3 人以上。填写“施工常用机械进场安全验收记录”。

B. 土方开挖常用机械有：挖掘机、推土机、铲运机、运输车辆等。

C. 持证上岗：提供土方开挖施工机械司机上岗证复印件土方开挖施工机械司机上岗证必须是有效证件。

8）施工人员安全防护措施等。

（2）审核基坑支护施工方案中时应注意以下几个方面：

1）坑壁支护方法及控制坍塌的安全措施；

2）基坑周边环境及防护措施；

3）基坑临边防护及坑边荷载安全要求；

4）上下通道设置；

5）排水措施；

6）支护变形监测措施；

7）施工作业人员安全防护措施等。

（3）对基坑支护设计及施工的有关要求：

1）基坑支护的设计单位必须具有相应资质，其设计必须有图纸及设计计算书。

2）当基坑支护由分包单位施工时，应审查基坑支护分包单位的资质、安全生产许可证以及项目经理、安全员、特种作业人员的安全上岗资格证等。

（4）土方开挖及基坑支护现场安全检查内容：

1）严格执行施工组织设计和安全技术措施，不得擅自修改。

2）现场施工区域应有安全标志和围护设施。危险处，夜间应设红色标志灯。

3）基坑周边必须设置防护栏杆，栏杆应由上下两道横杆及栏杆柱组成，上杆离地高度为1.0～1.2m，下杆离地高度为0.5～0.6m。横杆长度大于2m时，必须加设栏杆柱。

4）栏杆柱的固定及其横杆的连接，其整体构造应使防护栏杆在上杆任何处能经受任何方向的1000N外力。当栏杆所处位置有发生人群拥挤、车辆冲击或物件碰撞等可能时，应加大横杆截面或加密柱距。

5）防护栏杆必须自上而下用安全立网封闭，或在栏杆下边设置严密固定的高度不低于180mm的挡脚板。挡脚板上如有孔眼，不应大于25mm。板距离地面的孔隙不应大于10mm。

6）边坡坡度应严格按设计要求进行放坡。

7）软土基坑必须分层均衡开挖，层高不宜超过1m。

8）作业中应由上而下分层开挖，遵循先放坡、再支护、后开挖的原则。

9）机械挖土作业时，应采取措施防止碰撞支护结构、工程桩或扰动基底原状土。

10）严禁采用挖空底脚的方法进行土方施工。

11）当采用机械挖土时，机械旋转半径内不得有人。

12）当采用人工挖土时，人与人之间的操作间距不得小于2m。

13）作业人员必须沿斜桥道上下基坑，严禁施工人员踩踏边坡上下坑槽。

14）基坑现场排水措施应落实，防止基坑内积水而使基坑土体恶化影响支护结构稳定。

15）基坑施工期间应设专人巡查其周围地面变化情况，发现裂缝或塌陷应及时分析处理。

16）对基坑边坡和固壁支架应随时检查，发现边坡有裂痕、疏松或支撑有折断、走动，应立即采取措施，消除隐患。

17）挖方不得堆于基坑外侧，以免地面荷载超标。基坑外侧 1.2m 以内不准堆放料具。

18）机械运土及铲土时，应遵守现场交通标志和指令，严禁在基坑周边行走运载车辆。

19）大中型施工机具距坑槽边距离，应根据设备重量、基坑支护及土质情况计算确定。

20）支撑拆除时应按基坑回填顺序自下而上拆除，随拆随填，防止边坡塌方。必要时应采取加固措施。

21）基坑施工要设置有效排水措施，雨天要防止地表水冲刷土壁边坡，造成土方坍塌。

22）发现坑壁渗、漏水应及时排除，防止因长期渗漏而使土体破坏，造成挡土结构受损。

23）基坑抽水用潜水泵和电源电线应绝缘良好，接线正确，符合三相五线制和"一机一闸一箱一漏"的要求，抽水时坑内作业人员应返回地面，不得有人在坑内边抽水边作业。移动潜水泵时必须先切断电源。

24）夜间作业应配有足够照明，基坑内应采用 36V 以下安全电压。

25）深基坑内应有通风、防尘、防毒和防火措施。

26）立体交叉作业的应有隔离防护措施。

（5）土方开挖及基坑支护变形监测检查内容：

土方开挖及基坑支护变形的监测措施是指在基础施工过程中，应有对挡土结构位移、支撑锚固系统应力、支护系统的变形及位移、边坡的稳定、基坑周围建筑的变化等进行严密监测的措施，主要包括：监测点的设置和保护，监测的方式、内容及时间，监测的记录，监测记录的分析、处理等内容。

1）监测项目在基坑开挖前应测得初始值，且不应少于两次。

2）位移观测基准点数量不少于两点，且应设在影响范围以外。

3）监测点的布置应满足监控要求，对基坑边缘以外 1～2 倍开挖深度范围内的需要保护的物体均应作为监控对象。

4）基坑监测项目的监控报警值应根据监测对象的有关规范及支护结构设计要求确定。

5）各项监测的时间间隔可根据施工进程确定。当变形超过有关标准或监测结果变化速率较大时，应加密观测次数。当有事故征兆时，应连续监测。

6）对监测结果进行分析，严格控制其发展变化动态，并将监测结果定期通报有关部门。

7）基坑开挖监测过程中，应做好阶段性监测结果报告。报告内容应包括：

A. 工程概况；

B. 监测项目和各测点的平面和立面布置图；

C. 采用仪器设备和监测方法；

D. 监测数据处理方法和监测结果过程曲线；

E. 监测结果评价。

8）支护材质证明应包括：

A. 支护材料合格证、监测报告及准用证。租赁支护材料和配件的检查、验收，签字人员至少3人以上；

B. 监测仪器的合格证、说明书及检定合格证明；

C. 有关材料生产厂家的生产许可证、安全认证等材料；

D. 安全物资供应：（租赁）单位的安全责任协议和评价资料。

（6）基坑工程安全防护管理

1）临边防护

A. 临边防护栏杆采用钢管栏杆及栏杆柱均采用Φ48＊3.5mm的管材，以扣件或电焊固定。

B. 防护栏杆由二道横杆及栏杆柱组成，上横杆离地高度为1.2m，下横杆离地高度为0.6m，立杆总长度1.7m，埋入地下0.5m，立杆间距2m。

C. 防护栏杆必须自上而下用安全立网封闭。

D. 所有护栏用红白油漆刷上醒目的警示色，钢管红白油漆间距为20cm，基坑一侧按斜坡设一条4m宽的安全通道，并悬挂提示标志，护栏周围悬挂“禁止翻越”、“当心坠落”等禁止、警告标志。

E. 基坑周围应明确警示堆放的钢筋线材不得超越基坑边3m范围警戒线，基坑边警戒线内严禁堆放一切材料。

2）排水措施

基坑施工过程中对地表水控制，以便进行排水措施调整，对地表水进行如下控制：沿基坑周边防护栏处设置一明排水沟，为了排除雨季的暴雨突然而来的明水，防止排水沟泄水不及时，特在基坑一侧设一积水池，再通过污水泵及时将积水抽至厂区排污系统，做到有组织排水，确保排水畅通。

3）坑边荷载

A. 坑边堆置材料包括沿挖土方边缘移动运输工具和机械不应离槽边过近，距坑槽上部边缘不少于2m，槽边1m以内不得堆土、堆料、停置机具。

B. 基坑周边严禁超堆荷载。

4）注意事项

A. 人员作业必须有安全立足点，并注意安全，防止掉落基坑，脚手架搭设必须符合规范规定，临边防护符合规范要求。

B. 基坑施工的照明问题，电箱的设置及周围环境以及各种电器设备的架设使用均应符合电气规范规定。

（六）模板工程的安全内业管理

1. 模板工程的安全内业管理规定

（1）施工单位应编写模板工程的安全技术交底，提供模板工程专项施工方案。

（2）施工单位应针对大模板的存放提供大模板的防倾倒措施。

（3）施工单位应提供模板支拆的安全技术要求。支拆模板前必须进行针对性的安全技术交底，并做好记录，交底双方履行签字手续。支拆模板时，2m以上高处作业必须有可靠的立足点，并有相应的安全防护措施。

(4) 模板搭设后应组织验收工作，认真填写验收单，内容要量化。验收合格后方可进入下道工序，并做好验收记录存档工作。

(5) 模板拆除前必须办理拆模审批手续，经技术负责人审批签字后方可拆除。

(6) 施工单位在模板拆除前必须提供混凝土强度报告。

2. 模板工程的安全内业管理要素

(1) 模板工程安全管理内容

1) 模板工程施工方案

A. 按规定要求编制模板支架施工安全技术文件（施工组织设计、安全专项施工方案或施工安全技术措施），优化方案，完善设计，正确计算和细化措施，严格履行审核和批准手续，认真组织进行安全技术交底和培训工作。

B. 施工方案必须体现全面性、针对性、可行性、经济性、法令性和安全性的特点，施工方案中必须明确下列要求：

(A) 工程现浇混凝土的概况、模板制作、选用模板的类型、支撑系统设计计算及布料点的设置、立柱稳定、施工荷载、模板存放、支拆模板的程序（步骤及要求）、模板验收、运输道路及作业环境等。

(B) 模板施工前，要进行模板支撑设计、编制施工方案，并经具有企业法人资格的技术负责人批准。同时要经现场安全监理审查，查看是否符合工程建设强制性标准要求。

(C) 设计不仅有计算书而且还要有细部构造的大样图，对材料规格尺寸、接头方法、间距及剪刀撑设置等要有详细注明。

(D) 应根据混凝土输送方法（比如采用混凝土喷射机、混凝土泵送设备、塔式起重机浇筑罐、小推车运送等）制定有针对性的安全措施（包含季节性施工特点）。

C. 模板支设（拆除）安全技术措施执行情况检查记录

(A) 施工现场建立安全技术措施执行情况检查制度，其目的是为了确保所制定的各项安全技术措施均完全、有效地在施工现场得到落实。

(B) 由以项目技术负责人为组长的项目安全技术保证机构，负责对现场模板支设（拆除）安全技术措施落实的检查工作。发现问题时，及时采取有效措施，并形成检查记录。

(C) 模板工程危险作业安全监控措施：施工现场必须针对模板工程危险作业制定有效的安全监控措施（危险作业安全监控措施及一般监控方法示例）。

(D) 模板支设（拆除）安全监控记录：模板支设（拆除）作业属于较危险作业范畴，必须设专职安全监控员负责对模板支设（拆除）的全过程进行监控（并做好监控记录），作业前对作业人员交代安全措施，告知危险点和安全注意事项；安全监控员必须经过岗位安全培训，持证上岗，必须明确其职责与权限；作业中针对发现的问题或“三违”作业及时解决或纠正，避免发生伤亡事故。

2) 模板支撑系统的设计计算

A. 模板的设计内容应包括：模板和支撑系统的设计计算、材料规格、接头方法、构造大样及剪刀撑的设置要求等均应详细并绘制施工详图；支撑系统的选材及安装应按设计要求进行，基土上的支撑点应牢固平整，支撑在安装过程中应考虑必要的临时固定措施，以保证稳定性。

B. 设计依据：根据本工程的结构形式和施工条件，主体框架结构部分现浇梁板柱模板均采用定型模板进行组合制作，同时采用满堂碗脚手架作为支撑体系。搭设用的各类杆件均应符合国家有关安全技术标准、规范要求；混凝土浇筑工程拟分两步进行，第一步，浇筑框架柱至梁底位置；第二步，浇筑框架梁板和剩余柱端头。

C. 内力验算（包括底模验算、侧模板计算、小横杆验算、大横杆验算、立柱验算、柱箍计算）。

3）模板工程安全验收

A. 模板支设完成后，必须进行验收，只有经有关人员验收合格后，方能进行混凝土浇筑。检查、验收，签字人员至少 3 人以上。

B. 分段支设的模板必须进行分段验收；验收单必须有量化验收内容。

C. 支设（拆除）模板安全技术交底，记录具体内容。

D. 材质证明文件应包括模板合格证、检测报告；支撑体系材料的合格证、检测报告；有关生产厂家的生产许可证、安全认证等资料；安全物资供应（租赁）单位的安全责任协议和评价资料。

4）混凝土强度：主要包括模板拆除申请，填写模板工程拆除申请单；模板拆除前必须确认混凝土强度是否达到规定要求，并经拆模申请批准后方可进行，要有混凝土强度报告，混凝土强度未达到规定时严禁提前拆模。

5）模板工程最终形成记录资料应包括：模板工程安全验收记录、模板工程拆除申请单、模板支撑系统安全验收记录、模板支设（拆除）安全技术措施执行情况检查记录、模板支设（拆除）作业安全监控记录。

（2）模板工程安全内业措施管理

1）施工现场做好梁板、墙板等模板支架工程的施工准备管理：

A. 必须高度重视梁板模板工程安全的技术保障和施工管理工作，建立和健全施工安全保证体系和岗位责任制度。针对本工程规模大、工期紧、难点多和要求高的特点，必须建立起强有力的安全管理机制，落实岗位责任，做好各项施工准备工作。

B. 按施工安全技术和审查论证意见要求，认真组织和进行构配件检验和支架试验工作，并依据检、试验结果改进和完善措施。

C. 按设计对构配件品种、规格、质量和性能要求组织备料和供应工作，严把进场检查验收关，不合格品不得交付施工使用。

D. 按措施要求清理、夯实、平整和处理搭设场地，设置安全通道和警戒区，做好安全加固和围护，设置场地排水措施。

E. 凡有以下施工准备工作之一未完成或经检查不合格者，均不得开始梁板模板支架的搭设工作：

（A）没有编制梁板模板支架施工安全技术文件或者未按规定要求经审查、论证和批准者；

（B）没有建立相应的安全施工组织、安全保证体系和岗位责任制度或者相应的工作安排的要求不落实者；

（C）构配件的供应不落实，进场检查验收不严，已发现有品种、规格、质量和性能不合格品混入构配件之中或者对进场构配件存在问题未做出解决处置规定者；

(D) 未按规定进行构配件检验和支架试验，检、试验结果存在疑问尚未做出处理，或者施工方案和措施未按检、试验结果做出调整并经审查批准者；

(E) 未按规定组织进行安全技术交底和培训工作或者交底与培训工作达不到要求；

(F) 支架搭设场地的清理、处理、加固和安全防护工作未达到措施和规定的要求。

2) 梁板模板支架的搭设技术要求管理：

A. 按支架设计和措施要求铺设垫板、抄平垫实、放线定位、设置底座。木垫板的厚度应不小于 50mm、宽度应不小于 200mm，长度应不小于柱距的整倍数加上 2 倍垫板宽度或 1/3 柱距。

B. 支架的搭设顺序应按以下要求确定：

(A) 保证高重大梁或其他重载部位支架主约束（即刚度薄弱）方向的各层水平杆件无对接接头；

(B) 一般梁板模板支架和重载部位非主约束方向各层水平杆的对接接头应相互错开，且不得居于同一水平或竖向框格之内。

(C) 水平杆的对接接头与邻近立杆的距离应不大于 1/3 立杆间距且不得大于 400mm。

(D) 当水平杆对接接头位置不能满足上述规定时，可采取上下或左右搭接方式，但一个框格内只能有一根搭接杆的端头。无局部重载支架的一般梁板模板支架宜从一个角部或一边开始延伸搭设；边侧或四周有高重大梁的支架应从边部或四周开始向中间搭设，中部有高重大梁的支架应从中部开始向两边搭设。

C. 支架的第一步架应按以下程序搭设：置放底座——竖立杆、底部与扫地杆固定——设置另一方向扫地杆——安装第一步水平杆、校正立杆垂直度和水平杆水平度后，拧紧扣件或固定上碗扣——全部搭完支架的第一步架后、再次进行杆件校正检查和接头紧固程度检查。检查合格后，方能继续向上搭设。

D. 斜杆、剪力撑、周边拉结和水平层加强构造等应按其设置位置及时设置并连接牢固。

E. 每搭设 3～4 步架，应全面检查和调整一次。

F. 上架的构配件必须经地面材料人员和架上搭设人员的两次检查合格后才能使用，在搭设中发现有拧固不紧的扣件或碗扣杆件时，应撤除并单独存放，避免再次误用。

G. 门式和其他平面框形构件支架的搭设应按先形成构架基本单元后延伸扩展的方式搭设，严格确保垂直和水平要求，在向上搭设时，应确保上、下架间对接严密、不得出现间隙，挂扣式脚手架和水平架应搁实锁固住。

H. 格构及桁式支撑钢管支架的搭设应按其规定的程序和要求进行，严格确保立杆的垂直度的各层横杆、斜杆均在其插锁式节点中捣紧锁牢。

I. 梁板模板支架全部搭设完毕后，必须由模板工程安全施工领导小组或项目负责人组织进行检查验收，合格后才能进行底梁和模板铺设工作。

3) 在铺设模板、绑扎钢筋和为混凝土准备期间，必须做好支架的保护、检查和调整加固工作。

A. 应设专人每天进行检查，发现有立杆下沉或底部脱离、节点松动、杆件变形以及支点对中偏差较大等情况时，应及时支垫、紧固、加固和调整。处理有难度时，应及时上报主管部门负责人研究解决。不得知情不报、掩盖和保留隐患。

B. 严禁将混凝土泵送管道与梁板模板支架拉结固定。当泵送管道与支架距离较近时，应对支架采取必要的保护措施。

C. 向模板面上吊放成捆钢筋等重物时，应事先核查其承载能力是否允许，并相应采取安全监护措施。

D. 当确定的混凝土浇筑方法和顺序可能对模板支架产生不应忽视的水平推力和偏载作用时，应相应采取安全措施并在进行浇筑之前完成。

E. 在模板、钢筋以及其他施工准备工作完成之后，必须对模板支架和浇筑准备工作情况进行全面的检查和验收。合格并办理批准手续后，方可安排浇筑施工。

4）应慎重研究和选择适当的混凝土浇筑方案，确保不出现超出模板支架设计承载力的不安全状态。在确定浇筑方案时应注意如下事项：

A. 混凝土浇筑方案应符合以下支架安全承载的要求：

（A）应避免采用从一边向另一边推进使得支架一边不均衡承载的浇筑方式；

（B）应从高重大梁等重载支架部位开始浇筑，并按均衡承载要求由中部向两边或由边侧向中间推进；

（C）应充分考虑和利用大梁受拉区混凝土先达到初、终凝后下部主筋的整体拉结作用，减少浇筑时水平冲、推力对支架的不利作用。

B. 浇筑顺序应按以下注意事项做好全面的施工安排：

（A）当高大厅堂边侧有邻跨未（待）浇楼板时，应先浇筑边侧邻跨楼板混凝土；

（B）当梁中部有高重大梁时，应先浇筑中部大梁或中部大梁的板跨；

（C）当边侧（或周边）有高重大梁时，应先浇筑边侧（或周边）大梁混凝土；

（D）当大梁的高度超过 1.5m 时，宜考虑大梁分两期（次）浇筑，先浇筑下半部，待达到终凝或一定强度后，其上部和梁板楼盖一起浇筑。

5）在进行梁、板混凝土浇筑施工过程中的安全技术要求：

A. 严格按照施工措施规定的工艺顺序和速度进行浇筑作业。未经研究和批准，不得随意改变浇筑的顺序和速度；

B. 严格控制浇筑作业面上操作和监管人员的数量和集中程度；

C. 严格执行大梁分层浇筑的要求，不得超厚灌注；

D. 严格执行均布浇筑荷载的要求，不得局部过量卸料和集中振捣器推赶摊铺、振捣；

E. 在混凝土浇筑进行之中，监护支架安全的人员应用望远镜等适合手段在支架外围巡视监控，不得进入支架之内查看；

F. 在混凝土浇筑过程中，如出现异常声响、晃动或安全监管人员发现支架有变形、沉降及其他异常情况时，应立即停止浇筑和撤离作业人员。在采取确保安全的措施之下查明情况，做出判断和处理；

G. 在浇筑作业的间歇时间内，需要监护人员进入支架之中检查和加固时，应经现场施工负责人批准并安排人员监护。进入架内检查和加固工作的人员未撤出时，不准继续混凝土浇筑作业；

H. 梁、板在浇筑到以下部位时，应减慢浇筑速度、避免操作人员过度集中、避免多台振捣棒集中振捣和加强对支架的安全监控工作：

（A）浇筑高大梁时；

（B）出现浇筑作业推进不平衡时；

（C）两侧或多侧推进接近交汇之时；

（D）最后收尾时。

I. 在混凝土浇筑完毕至全部达到混凝土终凝期间，严禁施工人员进入支架内。

（3）模板工程应急处置措施管理

1）在梁板模板和安装支架的施工过程中，凡出现和发现以下异常情况和不安全状态之一者，均应采取应急处置措施：

A. 断裂声、劈裂声、爆裂声、冲撞声和其他异常声响；

B. 架（杆）底沉降、脱空；

C. 明显的横杆弯曲和立杆侧弯（鼓曲）变形；

D. 杆件接头和连接件断裂及其他损坏（伤）；

E. 支撑出现明显整体或局部倾斜；

F. 支撑（承）点严重脱离正常承载位置或出现明显滑动和位移；

G. 支架整体或局部出现能够感觉到的不稳和晃动；

H. 出现异常烟、糊气味；

I. 泵送管道和布料机工作时，模板支架出现可察觉到的摆动；

J. 浇筑混凝土时出现严重的超量堆载和其他超出设计的水平力作用；

K. 构件、机具和其他重物从架上坠落；

L. 大型机械和外来物体碰、冲、撞支架；

M. 模板或支架局部破坏；

N. 遭受暴风（雨、雪）突发强劲阵风等不可抗力作用；

O. 其他异常情况和不安全状态。

2）在出现异常情况和不安全状态时，应遵守以下应急处置规定，及时进行正确处置和消除隐患：

A. 启动应急处置工作机制，由相应级别负责人主持应急处置工作。

B. 依据异常情况和不安全状态的危险性与紧迫程度采取以下处置措施：

（A）暂停作业，立即查明情况后，做出处置决定；

（B）停止作业，撤离人员，立即查明情况后，做出处置决定；

（C）停止施工，撤离人员，在确保安全的前提下采取抢、排险加固措施，在确保危险情况不会进一步发展时，研究和做出处置安排；

（D）停止施工，撤离人员，报告上级，组织有关部门和外聘专家一起研究，确定安全处置的方案和措施。

3）在决定对异常情况和不安全状态的应急处置措施时，应遵守以下规定：

A. 措施应能有效遏制异常情况和状态的发展；

B. 措施应能立即或可在最短的时间内实施，不会贻误排险时机；

C. 抢、排险和加固措施的实施必须有安全保障措施，确保作业人员的安全；

D. 措施必须考虑到实施中的各项细节和对可能出现的危险情况并有预案安排。

4）在发生支架施工安全事故时，应遵守以下应急处置和求援工作规定：

A. 停止作业，现场人员和机械车辆撤出危险区域；

B. 启动事故处置和应急救援机制，报告上级和政府安全监管部门，通知保险公司。封闭现场，做好安全围护和疏导安排；

C. 按应急救援预案立即进行现场拍照和展开排险工作，将受伤人员迅速送往医院救治；

D. 详细安排排险抢救、现场处置、解体清理、接受调查和善后安排工作；

E. 加强安全监护，确保现场工作人员和调查人员的安全。

5）发生事故的施工单位应认真履行保护事故现场的责任，并严格遵守以下规定：

A. 事故发生后，应安排人员抢在开始排险前，对事故现场全貌和细部进行拍摄。排险抢救人员必须先让拍照人员拍摄后，才能开始进行排险抢救作业。

B. 不涉及排险抢救的部位应保持事故发生的状态。未经政府主管部门（或上级）事故调查组批准，严禁扰动、破坏和清理事故现场。

C. 在分部清理事故现场时，必须遵守“先拍照、后清理”的规定，在切割、清理坍塌支架和现场堆积物时应安排技术、安全和拍照人员在场察看，发现能反映事故起因和破坏状况的构架部位节点、杆件、连接件时，应进行拍照、尺寸丈量和截取破坏样品留检。

6）发生事故施工单位的上级单位在事故发生后，应同时建立自查组，按以下要求做好自查工作并配合事故调查组做好对事故的调查分析工作。

A. 做好以下调查和有关资料的封存、收集、整理工作：

（A）全过程拍照；

（B）绘制事故情况平面图和部位详图；

（C）收集典型的破坏件并拍照或绘图；

（D）收集基本的和相关的施工安全技术与管理文件及施工中的书面记录资料；

（E）收集、整理当时在场人员对事故发生情况的描述。

B. 做好以下事故原因的分析工作：

（A）对直接引发事故要素（不安全状态、不安全行为、起因物、致害物和伤害方式）的综合分析；

（B）引发事故的技术安全因素分析；

（C）引发事故的材料、设备因素分析；

（D）引发事故的安全管理因素分析；

（E）引发事故的安全指挥和操作因素分析。

C. 按事故调查组的要求做好各项配合工作，但不得扰民和影响事故调查组的工作。

D. 依据自查材料和事故调查组的调查报告与结论，编制事故自查报告，提出接受事故教训、改进安全工作的意见和措施。

（4）模板安装安全技术措施管理

1）进入施工现场的操作人员必须戴好安全帽，扣好帽带。操作人员严禁穿硬底鞋及有跟鞋作业。

2）安装模板时操作人员应有可靠的落脚点，并应站在安全地点进行操作，避免上下在同一垂直面工作；操作人员要主动避让吊物，增强自我保护和相互保护的安全意识。

3）支模过程中，如需中途停歇，应将支撑、搭头、柱头板等钉牢。拆模间歇时，应将已活动的模板、牵杆、支撑等运走或妥善堆放，防止因踏空、扶空而坠落。模板上有预留洞者，应在安装后将洞口盖好，混凝土板上的预留洞，应在模板拆除后即将洞口盖好。

4）模板及其支架在安装过程中，必须设置防倾覆的临时固定设施。

5）支架、牵杠等不得搭在门窗框和脚手架上，通路中间斜撑、拉杆等应设在1.8m高度以上。

6）高空作业要搭设脚手架或操作平台，上下要使用梯子，不许站在墙上工作，不准站在大梁底模上行走。

7）大模板施工时，存放大模板要有防倾措施。封柱子模板时不准从顶部往下套。

8）支设在3m以上的柱模板，四周应设斜撑，并应设操作平台，低于3m的可用马凳操作。

9）两人抬运模板要相互配合，协同工作。传递模板、工具应用索具系牢且利用运输设备运输，不得乱抛。组合式模板装拆时，上下有人接应；钢模板及配件应随装拆随运送，严禁从高处抛下；高处拆模时应有专人指挥；地面应标出警戒线，用绳子和红白旗加以围栏，暂停人员过往。

10）地下室顶模板，支撑还需考虑机械行走、材料运输、堆物等额外荷载的要求，顶撑及模板的排列必须考虑施工荷载的要求。

11）在模板上施工时，堆放物（钢模板等）不宜过多，且不宜集中一处。

12）工作前应先检查使用的工具是否牢固，扳手等工具必须用绳链系在身上，钉子必须在工具袋内，以免掉落伤人，工作时思想集中，防止钉子扎脚和空中滑落。

13）支模时操作人员不得站在支撑上，应设立人板，以便操作人员站立，立人板应用木质中板为宜，并适当绑扎固定，不得使用钢模板或5cm×10cm的木板。

14）高处和临边洞口应设护栏，张安全网，如无可靠防护措施，必须系好安全带，扣好带扣；高处、复杂结构模板的安装与拆除，事先有可靠的安全措施。

15）支模应按规定的作业程序进行，模板未固定前不得进行下一道工序。严禁在连接件和支撑件上攀登上下。

16）遇到6级以上的大风时，应暂停室外的高空作业，雪雷雨后应先清扫施工现场，待地面路干不滑时再恢复工作。

（5）模板拆除安全技术措施管理

1）拆除高度在5m以上的模板时，应搭设脚手架，并设防护栏杆，防止上下在同一垂直面操作。

2）拆模时，临时脚手架必须牢固，不得用拆下的模板做脚手板。

3）在混凝土强度能保证其表面及棱角不因拆模而受损坏后，方可拆除侧模；应在同一部位同条件养护的混凝土试块强度达到要求时方可拆除底模。（见表6-1）

现浇结构拆除所需混凝土强度 **表6-1**

结构类型	结构跨度（m）	按设计的混凝土强度标准的百分率（%）
板	不大于2	50
	大于2、不大于8	75
	大于8	100

续表

结构类型	结构跨度（m）	按设计的混凝土强度标准的百分率（%）
梁、拱、壳	不大于8	75
	大于8	100
悬臂构件	不大于2	75
	大于2	100

4）已拆除模板及其支架的结构，在混凝土强度符合设计混凝土强度等级的要求后，方可随全部使用荷载；当施工荷载所产生的效应比使用荷载更为不利时，必须经过验算，加设临时支撑。

5）模板支撑拆除前，混凝土强度必须达到设计要求，并申报批准后，才能进行。拆除模板一般用长撬棒，人不许站在正在拆除的模板上。在拆除楼板模板时，要注意整块模板掉下，尤其是用定型模板做平台模板时，更要注意，防止模板突然全部掉下伤人。

6）拆模时必须设置警戒区域，并派人监护。拆模必须拆除干净彻底，不得保留有悬模板。拆下的模板要及时清理，堆放整齐。高处拆下的模板及支撑应用提升设备运至地面，不得乱抛乱扔。

7）脚手架搁置必须牢固平整，不得有空头板，以防踏空坠落。

（6）模板堆放安全技术措施管理

1）模板及支撑系统应按使用的不同层次部位和先后顺序进行编序堆放，在周转使用中均应做到配套编序使用

2）模板的配制、编号、施工顺序安排，应由专人负责组织设计并管理指导，以便用料合理，安装、拆卸、运输方便，综合利用率高，防止在实际操作中产生乱拖乱用和浪费材料现象。

3）模板的编号应用醒目的标记，标注在模板的背面，并注明规格尺寸、使用部位等。

4）所有模板和支撑系统应按不同材质、品种、规格、型号、大小、形状分类堆放，应注意在堆放中留出空地或交通道路，以便取用。

5）堆放场地要求整平垫高，应注意通风排水，保持干燥；木质材料应防火、防雨。

（7）模板工程环境管理

1）清理模板时，不得猛砸模板，以减少噪声污染。

2）用于清理维护模板的废旧棉丝，以及堵缝用的海绵条等物品，应及时回收并集中处理。

3）用于模板工程中的苯板严禁随意丢弃，应集中回收处理。

4）清除操作平台和楼层上杂物时，应装入容器集中运走，严禁随意抛撒。

5）模板涂刷脱模剂或防锈漆时，应在模板下铺设垫布，防止油渍污染地面。

6）木工作业区的刨花、木屑、碎木应自产自清、日产日清、活完料净脚下清。

7）施工中有噪声的工序应尽可能安排在白天；锯、刨材料时，应在木工棚内进行，必要时采取隔声减噪措施防止噪声扰民。

8）混凝土施工时，采用低噪环保型振捣器，降低城市噪声污染。

（七）“三宝”、“四口”、“五临边”防护安全内业管理

1. “三宝”、“四口”、“五临边”防护安全内业管理规定

（1）施工单位应提供施工现场使用“三宝”的强制性要求，并提供工人使用情况的记录。

（2）施工单位应提供“三宝”、“四口”、“五临边”防护材料的清单。

（3）施工单位应提供建筑施工现场的楼梯口、电梯井口、预留洞口、通道口等各种洞口安全防护措施，并提供洞口临边防护验收报告。

（4）安全帽、安全带、安全网（密目网）等防护用品必须有产品生产许可证、质量合格证、检验报告、检测报告、厂家备案证（复印件）以及建筑安全监督管理部门发放的准用证等搭设验收单。

2. “三宝”、“四口”、“五临边”防护安全内业管理要素

（1）“三宝”技术防护要求

1）安全帽

A. 安全帽应是符合《安全帽》GB 2811—2007 标准的产品，不得使用缺衬，缺带及破损的安全帽，在工人教育时，统一发放由项目部组织从劳保商店或建筑防护专卖店购买的具备出厂合格证的安全帽，并示范正确的安全帽佩戴方法，严禁佩戴摩托车帽或不合格的安全帽。

B. 安全帽是用来保护头部，防止物体打击头部和自身头部意外撞击物体的个人防护用品。

C. 凡进入施工现场人员，必须正确佩戴安全帽。

（A）佩戴安全帽时必须系紧下颚系带，防止安全帽坠落失去防护作用，安全帽在保证承受冲击力的前提下，重量不应超过 400g（要求越轻越好）。

（B）冒衬顶端至冒壳顶内面的垂直间距 20～25mm，帽衬至帽壳内侧面的水平间距为 5～20mm，帽壳采用半球形，表面光滑，易于滑走落物。前部的帽舌尺寸为 10～55mm，其余部位的帽檐尺寸为 10～35mm。

（C）每顶安全帽上应有：制造厂名称、商标、型号、制造年月、许可证编号，每顶安全帽出厂时，必须有检验部门批量验证和工厂检验合格证。

2）安全网

A. 目前安全网厂家多，有些厂家不能保障产品质量，以致给安全生产带来隐患。因此强调各地建筑安全监督部门应加强管理。工程施工中为防止落物和减少扬尘污染，必须采用密目式安全网对建筑物进行全封闭。

B. 安全网必须有产品许可证和质量合格证及建筑安全监督管理部门发放的准用证。每张安全网出厂前，必须有国家指定的监督检验部门批量验证和工厂检验合格证。

C. 安全网是用来防止人、物坠落，或用来避免、减轻坠落及物击伤害的网具。

D. 安全网的规格、材质等必须符合《安全网》GB 5725—2009 的规定，且密目式安全网每 100cm^2 面积的网目数不少于 2000 目（《建筑施工安全检查标准》JGJ 59—2011 要求）；做耐穿试验：将网与地面成 30°夹角，在其中心上方 3m 处，用 5kg 重的钢管（管径

48～51mm）垂直自由落下，不穿透。

（A）密目式安全网用于立网，其构造为：网目密度不应低于 2000 目/100cm^2。

（B）耐贯穿性试验：用长 6m，宽 1.8m 的密目式安全网，紧绑在与地面倾斜 30°的试验框架上，网面绷紧。将直径 48～50mm、重 5kg 的脚手架钢管，距框架中心 3m 高度自由落下，钢管不贯穿为合格标准。

（C）冲击试验：用长 6m，宽 1.8m 的密目式安全网，紧绑在刚性试验水平架上。将长 100cm，底面积 2800cm^2、重 100kg 的人形沙包 1 个，沙包方向为长边平行于密目式安全网的长边，沙包位置为距网中心高度 1.5m 自由落下，网绳不断裂。

（D）外脚手架施工时，在落地式单排或双排外脚手架的外排杆内侧，随脚手架的升高用密目式安全网封闭；里脚手架施工时，在建筑物外侧距离 10cm 搭设单排脚手架，随建筑物升高（高处作业面 1.5m）用密目式安全网封闭。当防护架距离建筑物与尺寸较大时，应同时做好脚手架与建筑物每层之间的水平防护。

（E）拆除：在被保护区域的作业停止后，方可拆除其网。拆除网必须在安全员的严密监督下进行。拆除网应自上而下，同时要根据现场条件采取其他防坠落物击措施。

3）安全带

A. 安全带应是使用符合《安全带》GB 6095—2009 国家标准的产品，生产厂家必须经劳动部门批准；采购安全带必须是国家认可的合格产品。安全带使用 2 年后，根据使用情况，必须通过检验合格方可使用。安全带应高挂低用，注意防止摆动碰撞，不准将绳打结使用，也不准将钩直接挂在安全绳上合用，应挂在连接环上，要选择在牢固构件上悬挂。

B. 安全带上的各种部位不得任意拆掉。安全带是防止高处作业人员坠落的防护用品，对新购进的安全带，应有质量合格证和出厂日期，并定期进行试验。

C. 正确使用安全带：架子工使用的安全带绳长限定有 1.5～2m；应做垂直悬挂，高挂低用较为安全；当在水平位置悬挂使用时，要注意摆动碰撞；不应将钩直接挂在不牢固物和直接挂在非金属绳上，防止绳被割断；不宜低挂高用；不应将绳打结使用，以免绳结受力后剪断。

D. 安全带的标准

（A）安全带的带体上应缝有永久字样的商标、合格证和检验证。合格证上应注明：产品名称、生产年月、拉力试验、冲击试验、制造厂名、检验员姓名。

（B）做冲击负荷试验。对架子工安全带，抬高 1m 试验，以 100kg 重量拴挂，自由坠落不断为合格（冲击力的大小主要由人体体重和坠落距离而定，坠落距离与安全挂绳长度有关；使用 3m 以上长绳应加缓冲器，单腰带式安全带冲击试验荷载不超过 9.0kN；腰带和吊绳破断力不应低于 1.5kN）。

（C）安全带一般使用 5 年应报废。使用 2 年后，按批量抽验，以 80kg 重量，自由坠落试验，不破断为合格。

E. 速差式自控器（可卷式安全带）

（A）速差式自控器是装有一定绳长的盒子，作业时可随意拉出绳索使用，坠落时凭速度的变化引起自控。

（B）速差式自控器在 1.5m 距离以内自控为合格。速差式自控器固定悬挂在作业点上方，操作者可将自控器内的绳索系在安全带上，自由拉出绳索使用，在一定位置上作业，工作完毕向上移动，绳索自行缩入自控器内。发生坠落时自控器受速度影响自控对坠落者进行保护。

（2）“四口”防护

在建筑工程的楼梯口、电梯井口、通道口、预留洞口（即“四口”）均应按《建筑施工高处作业安全技术规范》JGJ 80—2011 要求进行防护。

1）楼梯口防护：每层楼梯口应在模板拆除后及时安装防护临时护栏，临时护栏采用Φ48×3.5 的钢管与镀锌水管组合而成，上杆离地高度约 1.5m，下杆离地高度约 0.6m，在楼梯步级上采用膨胀螺栓进行固定。

2）电梯井口防护：电梯井口应在模板拆除后及时安装防护栏杆，防护栏杆采用钢筋焊接成网状，并在电梯井墙上采用膨胀螺栓进行固定；电梯井口的防护应按定型化，工具化的要求设计制作，其高度应在 1.5～1.8m 范围内。定型化、工具化是指对防护栏杆、防护门改变过去的随意性和临时性观念，而制作成定型的、工具式的，可以重复使用，既可保证安全可靠，又可做到方便经济。

3）预留洞口、坑井防护：预留洞口及坑井应根据具体情况采取不同措施进行防护：

A. 按照《建筑施工高处作业安全技术规范》JGJ 80—2011 规定：进行洞口作业以及因工程工序需要而产生的，使人与物有坠落危险或危及人身安全的其他洞口进行高处作业时，必须按规定设置防护设施。

B. 楼板、屋面和平台等面上短边尺寸 25cm 但不大于 2.5cm 的孔口，必须用坚实的盖板盖住，盖板应能防止挪动移动。

C. 楼板面等处边长为 25～50cm 的洞口、安装预制构件时的洞口以及缺件临时形成的洞口，可用竹、木等作盖板盖住洞口，盖板应能保持四周搁置均衡，并有固定位置的措施。

D. 边长为 50～150cm 的洞口，必须设置以扣件扣接钢管而成的网格，并在其上满铺竹笆或脚手架。

E. 边长在 150cm 以上的洞口，四周设防护栏杆，洞口下张设安全网。施工现场通道附近的各类洞口与坑槽等处，除设置防护设施与安全标志外，夜间还应设红灯示警。

F. 预留洞口的临时防护栏杆、防护板应在安装正式栏杆或设备等时才能拆除，且应随正式栏杆或设备安装的进度进行拆除，不能一拆到底。拆除时安全员应在现场进行监督，应注意材料的堆放，不能乱抛乱扔，以防伤害他人。

G. 下边沿至楼板或底面低于 80cm 的窗台等竖向洞口，如侧边落差大于 2m 时，应加设 1.8m 高的临时护栏。

4）通道口的安全防护

A. 在建工程地面入口处和施工现场在施工工程人员流动密集的通道上方，应设置防护棚，防止因落物产生的物体打击事故。

B. 防护棚顶部材料可采用 5cm 厚木板或相当于 5cm 厚木板强度的其他材料，两侧应沿栏杆架用密目式安全网封严。出入口处防护棚的长度应视建筑物高度而定，且符合坠落半径的尺寸要求（建筑高度：$h=2\sim5$m 时，坠落半径 R 为 2m；$h=5\sim15$m 时，坠落半径 R 为 3m；$h=5\sim30$m 时，坠落半径 R 为 4m；$h>30$m 时，坠落半径 R 为 5m 以上）。

C. 防护棚上部严禁堆放材料，若因场地狭小，防护棚兼作物料堆放架时，必须经计算确定，按设计图纸验收（当使用竹笆等强度较低材料时，应采用双层防护棚，以使落物得到缓冲）。

（3）“五临边”防护

在建设工程通往尚未安装栏板的阳台边、无女儿墙的屋面周边、框架工程楼层的周边、斜马道两侧边、卸料平台两侧边（即“五临边”）都必须设置1.2m高的双层护栏，并挂设密目式安全网。在建工程靠近街道、民房、人行道处搭设防护棚。具体做法应符合《建筑施工高处作业安全技术规范》JGJ 80—2011的有关规定。对临边高处作业，必须设置防护措施，并符合下列要求：

1）尚未安装栏杆或栏板的阳台与挑平台周边，雨篷与挑檐边，无外脚手架的屋面与楼层边，都必须设置防护栏杆。

2）临边防护栏杆杆件的规格及连接要求，应符合要求：钢管横杆及栏杆柱均采用$\Phi48\times3.5$的管材，以扣件固定。

3）搭设临时防护栏杆时，必须符合下列要求：

A. 建筑物楼层楼面周边、楼梯口和梯段边、脚手架、建筑物通道的两侧边以及各种垂直运输接料平台等必须设置防护，防护采用钢管栏杆，栏杆由立杆及两道横杆组成，上横杆离地高度1.0～1.2m，下横杆离地高度0.5～0.6m，立杆间距1.5m，并加挂安全网，设踢脚板，作警戒色标记，加挂警示牌，施工过程中如需拆除防护设施，施工过程中安全员监督指导，施工完后立即恢复。

B. 栏杆柱的固定及其与横杆的连接，其整体构造应使防护栏杆在上杆任何处，能经受任何方向的1000N外力；防护栏杆必须自上而下用密目式安全网封闭，或在栏杆下边设置严密固定的高度不低于18cm的挡脚板。

C. 当临边外侧临街道时，除设置防护栏杆外，敞口立面必须采取满挂密目式安全网作全封闭处理。

（4）高处作业防护措施

1）建筑物出入口防护

建筑物的出入口搭设长3～6m宽于出口通道两侧各1m的双层防护棚，棚顶铺脚手板，两层间距不小于500mm，非出入口处及通道两侧严密封闭。

2）临边施工区域对人或物构成威胁的地方均支搭防护棚，以保证人、物的安全防护棚的标准符合基本规范。

3）高处作业用凳及脚手板要求

高处作业用凳、木凳保证牢固平稳，人字梯间拉接保险，两凳间需搭设脚手板间距不大于2m，禁止两人同时上凳操作，脚手板材质合格，单块板宽不小于250mm。

4）高处作业严禁投掷物料。

5）进行攀登作业时，作业人员要从规定的通道上下，不能在阳台之间等非规定通道进行攀登，也不得任意利用吊车车臂架等施工设备进行攀登。

6）进行悬空作业时，要设有牢靠的作业立足处，并视具体情况设防护栏杆，搭设脚手架、操作平台，使用马凳，张挂安全网或其他安全措施；作业所用索具、脚手板、吊篮、吊笼、平台等设备，均需经技术鉴定方能使用。

7）进行交叉作业时，注意不得在上下同一垂直方向上操作，下层作业的位置必须处于依上层高度确定的可能坠落范围之外。不符合以上条件时，必须设置安全防护层。

8）结构施工自二层起，凡人员进出的通道口（包括井架、施工电梯的进出口），均应搭设安全防护棚。高度超过 24m 时，防护棚应设双层。

9）建筑施工进行高处作业之前，应进行安全防护设施的检查和验收。验收合格后，方可进行高处作业。

（5）三宝、四口、临边防护验收

1）“三宝”检查、验收，签字人员至少 3 人以上，填写“三宝验收记录”；进入施工现场的安全帽、安全带必须经过检查验收合格后，方可使用；安全网支设（挂设）完毕后，经过检查验收合格后，方可使用；分层（分段）支设（挂设）的安全网，必须进行分层（分段）验收，并办理有关验收手续。

2）四口、临边检查、验收，签字人员至少 3 人以上。填写“四口与临边防护验收记录”。

3）应体现“完成一个部位，验收一个部位，合格后使用一个部位”的验收、使用思路。

4）“三宝”合格证、准用证、检测报告

A.“安全帽合格证、准用证、检测报告”的具体内容。

B.“安全带合格证、准用证、检测报告”的具体内容。

C.“安全网合格证、准用证、检测报告”的具体内容。

D.“三宝”生产厂家的有关生产许可证，安全认证资料。

E. 安全物资供应（租赁）单位的安全责任协议和评价资料。

5）“三宝”现场质量检测记录

施工现场必须使用质量合格的安全防护用品，积极推广使用经住房和城乡建设部推荐的优秀安全产品和防护技术。安全网、安全帽、安全带等，必须符合国家标准要求的各项性能指标。要对使用的安全防护用品进行定期或不定期地检测，严禁使用劣质产品或淘汰失效产品，以保证安全防护用品的安全使用。记录“三宝”现场质量检测记录的具体内容。

（6）高处作业安全防护设施的验收

1）建筑施工进行高处作业之前，应进行安全防护设施的逐项检查和验收。验收合格后，方可进行高处作业；验收可分层进行，或分段进行；安全防护设施，应由单位工程负责人验收，并组织有关人员参加。

2）安全防护设施的验收时应具备下列资料：

A. 施工组织设计及有关验算数据；

B. 安全防护设施变更记录及签证，安全防护设施验收记录。

3）安全防护设施的验收，主要包括以下内容：

A. 所有临边、洞口等各类技术措施的设置状况；

B. 技术措施所用的配件、材料和工具的规格和材质、技术措施的节点构造及其与建筑物的固定情况，扣件和连接件的紧固程度；

C. 安全防护设施的用品及设备的性能与质量是否合格的验证。

4）安全防护设施的验收应按类别逐项查验，并作出验收记录。凡不符合规定者，必须修整合格后再进行查验。施工工期内还应定期进行抽查。

5）高处作业安全防护措施方案：针对建筑施工中临边、洞口、攀登、悬空、操作平台及交叉等高处作业，制定安全防护措施方案。高处作业是指凡在坠落高度基准面2m以上（含2m）有可能坠落的高处进行的作业。

6）高处作业安全防护措施执行情况检查记录

A. 施工现场建立安全技术措施执行情况检查制度，其目的是为了确保所制定的各项安全技术措施均完全、有效地在施工现场得到落实。

B. 由以项目技术负责人为组长的项目安全技术保证机构，负责对现场高处作业安全防护技术措施落实的检查工作，发现问题时，及时采取有效措施，并形成检查记录。

C. 高处作业（危险作业）安全监控措施：施工现场必须针对高处作业（危险作业）制定有效的安全监控措施（危险作业安全监控措施及一般监控方法示例）。

D. 高处作业安全监控记录：高处作业属于较危险作业范畴，必须设专职安全监控员负责对高处作业的全过程进行监控（并做好监控记录），作业前对作业人员交代安全措施，告知危险点和安全注意事项；安全监控员必须经过岗位安全培训，持证上岗，须明确其职责与权限；作业中针对发现的问题或“三违”作业及时解决或纠正，避免发生伤亡事故。

7）施工现场安全防护用具及机械设备使用监督管理制度：为加强对施工现场上使用的安全防护用具及机械设备的监督管理，防止因不合格产品流入施工现场而造成伤亡事故，确保施工安全，制定施工现场安全防护用具及机械设备使用监督管理制度。

8）防护用品使用管理制度：根据防护用品管理的具体情况，制定防护用品使用管理制度。进一步贯彻落实防护用品管理工作的制度化、标准化、规范。

（八）临时用电安全内业管理

1. 临时用电安全内业管理规定

（1）临时用电设备≥5台或设备总容量≥50kW时，开工前必须由项目主任工程师编制临时用电施工组织设计，并按照《施工现场临时用电安全技术规范》JGJ 46—2005的要求，编制专项施工组织设计并经审核、审批手续。变更临时用电组织设计时应补充有关图纸资料。

（2）临时用电设备不足5台或设备总容量不足50kW时，应在施工组织设计方案中制定安全用电技术措施和电气防火措施，绘制电气平面图和接线系统图。

（3）施工单位应做好施工现场临时用电验收记录，绝缘电阻测试记录，接地电阻测试记录，漏电保护器试跳检测记录。

（4）施工单位应提供施工现场外用电线路防护方案。施工单位必须提供施工现场临时用电工程定期检（复）查记录。

（5）施工现场应设一名电管人员，配备专职电工，配备必要的工具、仪表和防护用品。电工必须持证上岗。

（6）各级电管人员有权制止违章作业，违章指挥。

（7）公司质安环保部应会同工程部每月至少组织一次对在施项目进行临时用电安全管

理检查。

（8）停用的配电线路、设备应及时切断电源。工程竣工后的配电线路、设备应及时拆除。当外单位需利用时，必须及时办理移交手续，明确责任。

（9）施工总承包时，总承包单位负责总体临时用电工程的安装和管理，分包单位在总包单位指定使用的配电箱、开关上引出电源，负责分包现场临时用电工程的安装和管理，双方在办理验收移交手续的同时，应签订安全用电协议书，以明确责任。

2. 临时用电安全内业管理要素

（1）临时用电施工组织设计的内容和步骤：

1）现场勘探，确定电源进线、变电所、配电装置、用电设备位置及线路走向。

电源进线、变电所、配电装置、用电设备位置及线路走向要依据现场勘测资料提供的技术条件和施工用电需要综合确定。

2）进行负荷计算，选择导线截面和电器的类型、规格。

A. 负荷是电力负荷的简称，是指电气设备（例如电力变压器、发电机、配电装置、配电线路、用电设备等）中的电流和功率。

B. 负荷计算的结果是配电系统设计中选择电器、导线、电缆规格，以及供电变压器和发电机容量的重要依据。

3）选择变压器、设计配电系统

A. 变压器的选择主要是指为施工现场用电提供电力的10/0.4kV级电力变压器和容量的选择，选择的主要依据是现场总计算负荷。

B. 配电系统主要由配电线路，配电装置和接地装置三部分组成。其中配电装置是整个配电系统的枢纽，经过与配电线路、接地装置的连接，形成一个分层次的配电系统。施工现场用电工程配电系统设计的主要内容是：设计或选择配电装置、配电线路、接地装置等。

4）设计防雷装置

A. 施工现场的防雷主要是防直击雷，对于施工现场专设的临时变压器还要考虑防感应雷的问题。

B. 施工现场防雷装置设置设计的主要内容是选择和确定防雷装置设置的位置、防雷装置的形式、防雷接地的方式和防雷接地电阻值等。按照《施工现场临时用电安全技术规范》JGJ 46—2005 的规定，所有防雷冲击接地电阻值均不得大于30Ω。

5）制定安全用电技术措施和电气防火措施。

A. 安全用电技术措施和电器防火措施是指为了正确使用现场用电设施，并保证其安全运行，防止各种触电事故和电气火灾事故而制定的技术性和管理性规定。

B. 对于用电设备在5台以下和设备总容量在50kW以下的小型施工现场，按照《施工现场临时用电安全技术规范》JGJ 46—2012 的规定，可以不系统编制用电组织设计，但仍应制定安全用电措施和电气防火措施，并且要履行与用电组织设计相同的“编、审、批”程序。

6）确定防护措施

施工现场在电气领域里的防护主要是指施工现场对外用电线路和电气设备对易燃易爆物、腐蚀介质、机械损伤、电磁感应、静电等危险环境因素的防护。

（2）电工及用电人员管理

1）电工必须经过按国家现行标准考核合格后的专业电工，并应通过定期技术培训，持证上岗。

2）电工应掌握用电安全基本知识和所有设备性能。电工的专业等级水平应同工程的难易程度和技术复杂性相适应。

3）上岗前按规定穿戴好个人防护用品。

4）停用设备应拉闸断电，锁好开关箱。

5）负责保护用电设备的负荷线，保护零线（重复接地）和开关箱。

6）移动用电设备必须切断电源，在一般情况下不许带电作业，带电作业要设监护人。

7）按规定定期（工地每月、公司每季）对用电线路进行检查，发现问题及时处理，并做好记录。

8）各类用电人员（诸如各种电动建筑机械和手持电动工具的操作者和使用者），必须通过安全教育培训和技术交底，掌握安全用电基本知识，熟悉所用设备性能和操作技术，掌握劳动保护方法，并且考核合格。

（3）安全技术档案管理

施工现场用电安全技术档案应包括八个方面的内容，它们是施工现场用电安全管理工作的集中表现。

1）临时用电施工组织设计及修改施工组织设计的全部资料；

2）用电技术交底资料；

3）修改施工现场用电组织设计资料；

4）临时用电工程检查验收表；

5）电气设备试、检验凭单和调试记录；

6）接地电阻、绝缘电阻、漏电保护器、漏电动作参数测定记录表；

7）电工安装、巡检、维修、拆除工作记录；

8）定期检（复）查表。

（4）临时用电注意事项

1）电工作业必须经专业安全技术培训，考试合格，非电工严禁进行电气作业。

2）电工作业时，必须穿绝缘鞋、戴绝缘手套，严禁酒后操作。

3）所有绝缘、检测工具应妥善保管，严禁他用，并应定期检查、校验。保证正确可靠接地或接零。所有接地或接零处，必须保证可靠电气连接。保护零线 PE 必须采用绿/黄双色线，严格与相线、工作零线相区别，不得混用。

4）电气设备的装置、安装、保护、使用、维修必须符合《施工现场临时用电安全技术规范》JG J46—2012 的要求。

5）在施工现场专用的中性点直接接地的电力系统中，必须采用 TN-S 接零保护。

6）电气设备不带电金属外壳、框架、部件、管道、金属操作台和移动式碘钨灯的金属柱等，均应做保护接零。

7）定期和不定期对临时用电工程的接地、设备绝缘和漏电保护开关进行检测、维修，发现隐患及时消除，并建立检测维修记录。

8）临时用电工程拆除，应按顺序切断电源后进行，不得留有隐患。

9）施工现场的供电系统必须实施三级配电二级保护。开关箱安装漏电保护开关的漏电动作电流应为30mA以下。

10）漏电保护开关不得随意拆卸和调换零部件，以免改变原有技术参数，并应经常检查实验，发现异常，必须立即查明原因，严禁带病使用。

11）施工照明时应注意：

A. 施工现场照明应采用高光效、长寿命的照明光源。工作场所不得只装设局部照明，对于需要大面积的照明场所，应采用汞灯、高压钠灯和碘钨灯，灯头与易燃物的净距离不小于0.3m。流动性碘钨灯采用金属支架安装时，支架应稳固，灯具与金属支架之间必须用不小于0.2m的绝缘材料隔离。

B. 施工照明灯具露天装设时，应采用防水式灯具，距地面高度不得低于3m。工作棚、场地的照明灯具，可分路控制，每路照明支线上连接灯数不得超过10盏，若超过10盏时，每个灯具上应装设熔断器。

C. 室内照明灯具距地面不得低于2.4m。每路照明支线上灯具和插座数不宜超过25个，额定电流不得大于15A，并用熔断器保护。

D. 一般施工场所宜选用额定电压为220V的照明灯具，不得使用带开关的灯头，应选用螺口灯头。相线接在与中心触头相连的一端。灯头的绝缘外壳不得有损伤和漏电，照明灯具的金属外壳必须做保护接零。单项回路的照明开关箱内必须装设漏电保护开关。

E. 现场局部照明工作灯，在潮湿的作业环境，照明电源电压应不大于36V。在特别潮湿，导电良好的地面或金属容器内工作的照明工具，其电源电压不得大于12V。手持灯具应用胶把和网罩保护。

F. 36V的照明变压器，必须使用双绕组型，二次线圈、铁芯、金属外壳必须有可靠保护接零。一、二次侧应分别装设熔断器，一次线长度不应超过3m。照明变压器必须有防雨、防砸措施。

G. 照明路线不得拴在金属脚手架、龙门架或井字架上，严禁在地面上乱拉、乱拖。控制刀闸应配有熔断器的防雨措施。

H. 施工现场的照明灯具应采用分组控制或单灯控制。

（5）安装配电箱应注意：

1）配电箱及其内部开关、器件的安装应端正牢固。安装在建筑物或构筑物上的配电箱为固定式配电箱，其箱底距地面的垂直距离应大于1.3m，小于1.5m。移动式配电箱不得置于地面上随意拖拉，应固定在支架上，其箱底与地面的垂直距离应大于0.6m，小于1.5m。

2）配电箱内的开关、电器，应安装在金属或非木制的绝缘电器安装板上，然后整体紧固在配电箱体内，金属箱体、金属电器安装板以及箱内电器不带电的金属底座，外壳等，必须做保护接零。保护零线必须通过零线端子板连接。

3）配电箱和开关箱的进出线口，应设在箱体的下面，并加护套保护。进、出线应分路成束，不得承受外力，并做好防水。导线束不得与箱体进、出线口直接接触。

4）配电箱内的开关及仪表等电器排列整齐，配线绝缘良好，绑扎成束。熔丝及保护装置按设备容量合理选择，三相设备的熔丝大小应一致。三个及其以上回路的配电箱应设总开关，分开关应标有回路名称。三相胶盖闸开关只能作为断路开关使用，不得装设熔丝，应另加熔断器。各开关、触点应动作灵活、接触良好。触电箱的操作盘面不得有带电体明露。箱内应整洁，不得放置工具等杂物，箱门应设有线路图。下班后必须接闸断电，锁好箱门。

5）配电箱周围2m内不得堆放杂物。电工应经常巡视检查开关、熔断器的接点处是否过热。各接点是否牢固，配线绝缘有无破损，仪表指示是否正常等。发现隐患立即排除。配电箱应经常清扫除尘。

6）每台用电设备应有各自备用的开关箱，必须实行“一机一闸一漏一箱”制，严禁同一个开关电器直接控制二台及二台以上用电设备（含插座）。

7）两级漏电保护。分配电箱和开关箱中两级漏电保护器的额定漏电动作电流和额定漏电动作时间应合理配合，使之具有分级、分段保护的功能。

(6) 生活区的工作、照明用电，必须由专职电工遵照安全规定进行安装。任何个人一律禁止乱拉电线和安装照明设施，不准擅自变更原装电路和设备，不准使用电炉取暖、烧水、做饭等。

(7) 对所有职工进行安全用电常识和触电急救方法的教育培训。

（九）塔式起重机、起重吊装安全内业管理

1. 塔式起重机、起重吊装安全内业管理规定

1）塔式起重机拆装、起重吊装作业在施工前必须编制专项施工组织设计、并经相应部门的审批。

2）塔式起重机安装、拆除，应委托有资质的专业队伍进行拆装，并保留拆装单位的资质证明和拆装合同。组织验收后，应由检测部门检测合格，方可施工，施工单位保留检查合格证明。

3）租赁的塔式起重机，出租和承租双方应订立租赁合同，并签订安全管理协议书，明确双方责任和权利。

4）施工单位应保留塔式起重机基础钢筋以及塔式起重机基础的验收单。

5）塔式起重机安装完毕后，施工单位应保留塔式起重机的验收记录以及塔式起重机顶升检验记录。

6）施工现场有多台塔式起重机时，施工单位应制定多台塔式起重机防碰撞措施。

(1) 塔式起重机安全内业管理规定补充：

1）塔式起重机安装、顶升、降节和拆除应编制专项施工方案。

2）塔式起重机制造单位必须具有特种设备制造许可证，型式试验报告、产品出厂应随机附有产品合格证、使用说明书等质量技术资料。

3）使用单位应对塔式起重机进行检查，每月不少于2次。使用单位、产权单位和监理单位应派人参加。

4）使用单位或产权单位应按照使用说明书的要求对塔式起重机进行自行检测和维护保养。

5）施工现场有多台塔式起重机交叉作业时，应采取防碰撞的安全措施。

6）塔式起重机在安装前和使用过程中，发现有下列情况之一的，不得安装和使用。

A. 结构件上有可见裂纹和严重锈蚀的；

B. 主要受力构件存在塑性变形的；

C. 连接件存在严重磨损和塑性变形的；

D. 钢丝绳达到报废标准的；

E. 安全装置不齐全或失效的。

7）当塔式起重机符合下列情况时，应进行安全评估。经安全评估合格后方可使用。

A. 出厂年限超过10年的630kN.m以下塔式起重机；

B. 出厂年限超过15年的630～1250kN.m塔式起重机；

C. 出厂年限超过20年的1250kN.m以上塔式起重机。

8）出厂年限满5年的塔式起重机，对结构主要受力部位应进行无损检测。超过5年的，每满2年应检测一次。

（2）起重吊装安全内业管理规定补充：

1）起重吊装施工应编制专项施工方案。

2）操作人员在作业前必须对工作环境、行驶道路、架空电线、建筑物以及构件重量和分布情况进行全面了解。

3）遇有大雨、大雪、大雾及六级以上风力等恶劣天气时，应停止露天起重作业。重新作业前，应先试吊，确认各种安全装置、制动器灵敏可靠后方可进行作业。

2. 塔式起重机、起重吊装安全内业管理要素

（1）搭式起重机安全内业管理

1）基础管理

A. 塔式起重机基础施工应编制专项施工方案。

B. 当基础设置对地下室结构、主体结构上或基坑支护结构产生不利影响时，应由建筑结构设计单位或基坑支护结构设计单位出具书面确认意见。

C. 基础应有排水措施。

D. 行走式塔式起重机的轨道及基础应按使用说明书的要求进行设置，且应符合现行国家标准《塔式起重机安全规程》GB 5144的规定及《塔式起重机》GB/T5031的规定。

2）安全装置管理

A. 塔式起重机力矩限制器、起重量限制器、变幅限位器、高度限位器、行走限位器、回转限位器等各种安全装置应齐全灵敏可靠。

B. 塔式起重机应安装使用能够显示力矩、起重量、幅度的记录装置。采用显示记录装置时，仍应保留原力矩限制器等安全装置的使用功能。

C. 行走式塔式起重机轨道应设置极限位置阻挡器。

D. 卷扬机卷筒应设置防止钢丝绳滑出的防护保险装置。

E. 动臂变幅机构应设置低速端制动器。

F. 多台塔机交叉作业，宜使用工作空间限制器。

G. 严禁在塔式起重机塔身上附加广告牌、标语牌或其他物品。

3）信息标识管理

A. 塔式起重机应有耐用金属标牌，永久清晰地标识产品名称、型号、产品制造编号、出厂日期、制造商名称、制造许可证号，额定起重力矩等信息。

B. 司机的操纵装置和指示装置应标有文字和符号以指示其功能。

C. 塔式起重机的标准节、臂架、拉杆、塔顶等主要结构件应设有可追溯制造日期的永久性标志。

D. 在合适的位置应以文字、图形或符号标牌的形式标志出可能影响在塔式起重机上或塔式起重机周围工作人员安全的危险警告信息。

4）电气与避雷装置管理

A. 塔式起重机的金属结构、轨道、所有电气设备的金属外壳、金属线管等均应可靠接地，接地电阻不大于4Ω，重复接地电阻不大于10Ω。

B. 塔式起重机的电气系统应按要求设置短路和过电流、失压及零位保护、错相与缺相保护。切断总电源的紧急开关，应符合要求。在塔式起重机安装、维修、调整和使用中不得任意改变电路。

C. 电气系统对地的绝缘电阻不小于0.5MΩ。

D. 避雷针高度为1～2m，引下线宜采用铜导线单独铺设并保证电气连接，导线截面应不小于$16mm^2$。

E. 避雷接地装置应符合现行行业标准《施工现场临时用电安全技术规范》JGJ 46的规定。

5）使用管理

A. 塔式起重机使用前，应对起重司机、建筑起重信号司索工等作业人员进行安全技术交底。

B. 塔式起重机力矩限制器、重量限制器、变幅限位器、行走限位器、高度限位器等安全保护装置不得随意调整和拆除。

C. 每班作业前，应按规定日检、试吊；使用期间，安装单位或租赁单位应按使用说明书的要求对塔式起重机定期检查、保养。

D. 作业中遇突发故障，应采取措施将吊物降落到安全地点，严禁吊物长时间悬挂在空中。

E. 塔式起重机不得起吊重量超过额定荷载的吊物，且不得起吊重量不明的重物。

F. 物件起吊时应绑扎牢固，不得在吊物上堆放或悬挂其他物件；零星材料起吊时，必须用吊笼或钢丝绳绑扎牢固。当吊物上站人时不得起吊。

G. 钢丝绳规格应满足额定重量的要求。钢丝绳的维护、检验和报废应符合现行国家标准《起重机 钢丝绳保养、维护、安装、检验和报废》GB/T 5972的规定。

H. 遇有大雨、大雪、大雾、风沙及六级以上大风等恶劣天气时，应停止作业。雨雪过后，应先经过试吊，确认制动器灵敏可靠后方可进行作业。夜间施工应有足够照明。

I. 塔式起重机在非工作工况时臂架能随风转动。

J. 严禁在塔式起重机塔身上附加广告牌或其他标语牌。

K. 行走式塔机必须设置有效的卷线器。

L. 当塔式起重机作附着使用时，附着装置的设置和悬臂高度应符合使用说明书的规定。当塔身与建筑物超过使用说明书规定的距离时，应进行专项设计和制作，并在安装专项方案中明确。

M. 附着装置的杆件与建筑物及塔身之间的连接，应采用铰接，不得焊接。附着杆应可调节杆长（短）。

N. 行走式塔机必须安装夹轨器，保证塔机在非工作状态风荷载和外力作用下能保持静止。

6）安装、拆卸及验收管理

A. 塔式起重机安装和拆卸应按规定办理告知手续。

B. 塔式起重机安装或拆卸前应进行安全技术交底并有书面记录，履行签字手续。

C. 进入现场的安装拆卸作业人员应佩戴安全防护用品，高处作业人员应系安全带，穿防滑鞋。

D. 两台塔式起重机之间的最小架设距离应保证处于低位塔式起重机的起重臂端部与另一台塔式起重机的塔身之间至少有 2m 的距离；处于高位塔式起重机的吊钩升至最高点或平衡重的最低位与低位塔式起重机中处于最高位置部件之间的垂直距离不应小于 2m。

E. 安装、拆卸作业应统一指挥，分工明确。严格按专项施工方案和使用说明书的要求、顺序作业。危险部位安装或拆卸时应采取可靠的防护措施。应使用对讲机等通信工具进行指挥。

F. 当遇大雨、大雪、大雾等恶劣天气及四级以上风力时，应停止安装、拆卸作业。

G. 验收资料中应包括塔式起重机产权备案表、安装（拆卸）告知表、安装（拆卸）单位资质证书和安全生产许可证、特种作业人员上岗证、安装（拆卸）专项方案、基础及附着装置设计计算书和施工图、检测报告、验收书、使用说明书、安装（拆卸）合同、安全协议和设备租赁合同等。

H. 塔式起重机验收合格后，应悬挂验收合格标志牌、操作规程牌和安全警示标志等。

（A）安装作业

a. 安装前应根据专项施工方案，检查塔式起重机基础的隐蔽工程验收记录和混凝土强度报告等相关资料；以及辅助安装设备的就位点基础及地基承载力等。

b. 安装作业应根据专项施工方案要求实施。安装作业中应统一指挥，人员应分工明确、职责清楚，且不少于 4 人。

c. 辅助安装设备就位后，应对其机械和安全性能进行检查，合格后方可作业。安装所使用的钢丝绳、卡环、吊钩等起重机具应经检查合格后方可使用。

d. 连接件及其防松防脱件严禁用其他代用品代用。连接件及其防松防脱件应使用力矩扳手或专用工具紧固连接螺栓。

e. 当遇特殊情况安装作业不能连续进行时，必须将已安装的部位固定牢固并达到安全状态，经检查确认无隐患后，方可停止作业。

f. 塔式起重机独立状态（或附着状态下最高附着点以上塔身）塔身轴心线对支承面的垂直度不大于 4/1000。塔式起重机附着状态下最高附着点以下塔身轴心线对支承面的垂直度不大于 2/1000。

g. 塔式起重机加节后需进行附着的，应按照先装附着装置、后顶升加节的顺序进行，附着装置的位置和支撑点的强度应符合要求。

h. 自升式塔式起重机进行顶升加节的要求：顶升系统必须完好；结构件必须完好；顶升前应确保顶升横梁搁置正确、爬爪和爬爪座无异常；应确保塔式起重机的平衡；顶升过程中，不得进行起升、回转、变幅等操作；应有顶升加节意外故障应急对策与措施。

（B）拆卸

a. 塔式起重机拆卸前应检查主要结构件、连接件、电气系统、起升机构、回转机构、变幅机构、顶升机构等项目。发现问题应采取措施，解决后方可进行拆卸作业。

b. 当用于拆卸作业的辅助起重设备设置在建筑物上时，应明确设置位置、锚固方法，并应对辅助起重设备的安全性及建筑物的承载能力等进行验算。

c. 拆卸时应先降塔身标准节、后拆除附着装置。

d. 自升式塔式起重机每次降塔身标准节前，应检查顶升系统和附着装置的连接等，确认完好后方可进行作业。

e. 塔式起重机拆卸作业应连续进行；当遇特殊情况拆卸作业不能继续时，应采取措施保证塔式起重机处于安全状态。

（C）验收

a. 塔式起重机安装完毕，安装单位应进行自检，自检合格后报检测机构检测，检测合格后由施工总承包单位组织安装单位、使用单位、租赁单位和监理单位验收。在30日内报当地建设主管部门使用登记。登记标志应当置于或者附着于该设备的显著位置。

b. 塔式起重机独立安装高度不宜大于使用说明书规定的最大独立高度的80%。

c. 安装验收书中各项检查项目应数据量化、结论明确。施工总承包单位、安装单位、使用单位、租赁单位和监理单位验收人均应签字确认。

（2）起重吊装设备安全内业管理

1）起重吊装作业：

A. 起重机械进场使用前应进行检查，各项技术及安全性能合格后方可使用。

B. 起重机械的力矩限制器、变幅限位器、起重量限制器以及各种行程限位开关、吊钩防脱绳保险等安全保护装置，应齐全、灵敏可靠。

C. 起重机械作业时，起重臂和重物下方严禁有人停留、工作或通过。严禁用起重机运载人员。

2）采用自制起重扒杆吊装作业：

A. 起重扒杆应进行专项设计，并在专项施工方案中明确

B. 起重扒杆必须按照设计进行安装，作业前进行试吊，验收合格后方可使用，并做好书面记录。

C. 当采用手拉葫芦或电动葫芦进行吊装作业的，其固定点应经设计计算，并有施工图。手拉葫芦或电动葫芦严禁在脚手架上固定使用。

3）钢丝绳与地锚设置

A. 起重钢丝绳应符合《重要用途钢丝绳》GB 8918—2006等有关标准的规定。起重钢丝绳的选用应符合起重设备性能和技术要求，磨损、断丝不得超标。

B. 缆风绳安全系数必须大于3.5。

C. 滑轮、地锚的设置应符合专项施工方案的要求。

D. 起重机械作业路面的地基承载力应符合专项施工方案的要求。

4）起重作业应符合下列几点：

A. 司机、指挥、司索应持证上岗。高处作业必须有可靠的信号传递措施。

B. 起重吊点的确定应符合设计或专项施工方案的要求；索具、钢丝绳规格型号、绳

径倍数应符合设计或专项施工方案的要求。

C. 起重吊装作业应按照操作规程执行。每天（班）作业前均应进行试吊，正常后才能作业。

D. 不得起吊重量不明或超载的重物。不得在不安全的状态情况下进行吊装作业。重物棱角处与捆绑钢丝绳之间应加衬垫保护。

E. 起重吊装作业时应设置警戒线，悬挂警戒标志，并派专人监护。

5）起重吊装人员必须有可靠的立足点并有相应的安全防护措施。作业平台应坚实、牢固，且单独设置。临边防护符合要求。

6）构件堆放应整齐、稳固。堆放场地应符合堆载要求。在建筑物结构上堆放材料，不得超过设计允许的荷载规定。

（十）物料提升机（龙门架、井字架）、外用电梯安全内业管理

1. 物料提升机（龙门架、井字架）、外用电梯安全内业管理规定

（1）物料提升机的安装、拆除，应委托有资质的专业队伍进行，保留拆装单位的资质证明和拆装合同以及提升机的验收记录。

（2）施工升降机的安装、拆除，应委托有资质的专业队伍进行，保留拆装单位的资质证明和拆装合同，同时保留升降机的验收记录以及施工升降机接高验收记录。

1）物料提升机验收记录；

2）施工升降机安装验收记录；

3）施工升降机接高验收记录；

4）外用电梯（人货两用电梯）验收记录。

（3）外用电梯（人货两用电梯）的安装、拆除，应委托有资质的专业队伍进行，保存拆装单位的资质证明和拆装合同，同时保留外用电梯的验收记录。

2. 物料提升机（龙门架、井字架）、外用电梯安全内业管理要素

（1）物料提升机

1）物料提升机的技术文件和进场准用证

A. 安装和拆除物料提升机的单位，必须取得与其作业内容相符的资格证书；作业人员必须经专业技术培训和安全技术培训，并经考核合格取得操作证，方准独立操作物料提升机。

B. 施工现场使用物料提升机，应严格执行安全使用物料提升机的有关规定以及物料提升机专项安全施工组织设计（方案）。

C. 使用厂家的产品，需有建筑安全监督部门的准用证。施工现场使用的物料提升机（龙门架、井字架）所有技术文件必须齐全，如产品合格证、使用说明书、架体上的铭牌（如系企业自制的产品，则应有全部的设计文件、设计计算书、审批手续、操作使用说明及产品鉴定书）等。以上技术文件和有关证件不全，不准进入施工现场使用。

D. 安全检查人员及作业人员必须查阅施工现场物料提升机的相关资料：因为物料提升机的使用说明书等技术文件是安装、拆除及安全使用物料提升机和对物料提升机进行验

收、检查的重要技术依据。

2）物料提升机首次验收记录

A. 施工现场的物料提升机在安装之前，必须先进行对物料提升机基础的验收，物料提升机基础的验收由项目经理组织，物料提升机的安装单位和物料提升机基础的施工单位参加。按照物料提升机的有关规范、制造厂家的使用说明书或物料提升机的专项安全施工组织设计（方案）内容执行。

B. 物料提升机基础的施工资料、检验检测及验收资料应作为物料提升机验收记录的附件存档。物料提升机基础未经验收合格，不得进行物料提升机的安装。

C. 施工现场使用的物料提升机在首次安装完毕后，必须由项目经理组织有关人员进行验收。验收合格后方能投入使用。物料提升机的首次验收使用《物料提升机首次验收记录》。

3）验收时注意

A. “设计安装高度”指物料提升机安装完毕后的高度；“验收高度”指本次验收的高度范围是从多少米到多少米。

B. 基础的水平度偏差，是指在物料提升机架体安装之前对物料提升机基础验收时，用水平仪测量获得的数据；架体的垂直偏差，是指架体轴心线与安装基座水平基准面的公差值，应用经纬仪测量架体两个方向的偏差值。

C. 物料提升机的安全保护装置，应根据物料提升机的使用说明书及规范的要求等实际情况具体选择，按产品说明书或规范规定该物料提升机可不使用的安全装置可划去。

D. 物料提升机应当有专用开关箱，且离操作位置不得超过 3m，中间通道应畅通无阻。

E. 缆风绳与附墙架根据实际使用的情况选取，当使用缆风绳时应将附墙架划去，反之亦然。但应当注意：高架物料提升机在任何情况下均不得使用缆风绳。当使用附墙架时，附墙架的间隔，应按制造厂家的使用说明书的规定进行验收，但其最大间隔不得超过规范的要求。

F. 提升机架体顶部的自用高度是指架体顶部至最上面一道附墙架的垂直距离，其具体数值应参照产品使用说明书的要求，产品说明书无具体要求的，不得大于 6m；提升用卷扬机的控制开关使用携带式操作盒时，携带式操作盒不得有破损等现象，电源线不得超过 3m，且应使用 36V 安全电压；严禁使用倒顺开关控制提升用卷扬机。

G. 验收内容不得出现不合格项。当出现不合格项时，应在验收意见中注明不合格项的内容，并提出整改意见。当整改完毕应再次进行验收，并在验收意见中注明。此验收表应作为上次验收表的附件存档备查。

H. 验收表不得涂改并应签署验收意见，验收意见必须明确，不得使用中性语句。

I. 所有验收内容必须如实填写，有量化内容的应均匀选点测量并记录具体数值；有关具体数值的测量要求请参见落地式脚手架首次验收中的有关内容。

4）物料提升机分段验收记录

当物料提升机随建筑物升高而再次安装完毕，在投入使用前，应进行物料提升机的分段验收，物料提升机分段验收使用《物料提升机分段验收记录》进行记录。物料提升机分段验收按照物料提升机首次验收的要求进行。

5）验收合格牌：经验收合格和分段验收合格的物料提升机，应填写《施工现场机械设备验收合格牌》，挂在物料提升机底部的显眼处。

6）资料整理要求：物料提升机的资料应按验收的顺序编号存放，每次验收的有关附件应附在每次的验收表处。

（2）外用电梯

1）外用电梯的技术文件

A. 安装和拆除外用电梯的单位，必须取得与其作业内容相符的资格证书；作业人员必须经专业技术培训和安全技术培训，并经考核合格取得操作证。

B. 施工现场使用外用电梯（人货两用电梯），应严格执行安全使用外用电梯的有关规定以及外用电梯专项安全施工组织设计。

C. 外用电梯的操作人员也必须经专业技术培训和安全技术培训，并经考核合格取得操作证，方准独立操作外用电梯。

D. 外用电梯的使用说明书等是安装、拆除及安全使用外用电梯和对外用电梯进行验收、检查的重要技术依据，因此，施工现场必须有上述技术文件可供有关人员查阅。

E. 施工现场使用外用电梯时，外用电梯的所有技术文件如产品合格证、使用说明书、架体上的铭牌等必须齐全，否则不得进入施工现场。

2）外用电梯首次验收记录

A. 施工现场的外用电梯在安装之前，必须先进行对外用电梯基础的质量进行验收。外用电梯基础质量的验收由外用电梯的安装单位会同外用电梯基础的施工单位，按照外用电梯的有关规范、制造厂家的使用说明书等关于基础处理的要求或外用电梯专项安全施工组织设计并参照验收混凝土结构的质量要求进行记录。

B. 外用电梯基础的施工资料、检验检测资料及验收资料应作为《外用电梯首次验收记录》的附件存档。外用电梯基础未经验收合格，不得进行外用电梯的安装。

C. 外用电梯在施工现场首次安装完毕后，必须由项目经理报告企业有关主管部门，要求企业有关部门组织验收。验收由企业有关主管部门牵头，企业动力机械管理部门、技术部门、生产部门、安全管理部门等会同安装单位的有关人员、外用电梯司机等对外用电梯进行验收，验收合格的外用电梯，方能投入使用。

D. 租赁外单位的外用电梯，验收时：

（A）租赁方和承租方的有关部门均应参加验收。验收应按照外用电梯制造厂家的使用说明书及国家有关外用电梯的标准和安全规则进行。

（B）参加验收的检测人员应熟悉有关外用电梯的标准和安全规则，应具备按标准进行质量检测的能力，并能公正地、准确地提供检验结果。

E. 使用的检验检测的仪器设备的精度应符合标准的要求，并经法定计量检测部门检定，且在有效期内。验收检测的原始数据应有两人以上记录，并经核实无误后方能填写入《外用电梯首次验收记录》。

F. 外用电梯验收检测的原始数据记录应经记录人签字后作为《外用电梯首次验收记录》的附件存档。

G.《外用电梯首次验收记录》未列而厂家使用说明书规定要验收或检验的项目，必须进行验收或检验。增加的验收、检验项目可用纸另外记录，并履行签字手续，作为《外用电梯首次验收记录》的附件一同存档备查。

3）验收时应注意

A. 验收内容必须如实填写。

B. 外用电梯的安全装置，因外用电梯的型号不同而不同，实际验收时应严格遵守国家有关规范和厂家说明书的规定。国家有关规范或制造厂家使用说明书中规定该型外用电梯应当有的装置，该外用电梯除必须有之外，还必须有效，否则，应当视其不合格。

C. 国家有关规范或厂家使用说明书有对安全装置进行试验的，应严格按规定的条件进行，不得省略不做实验或降低实验的条件。

D. 凡在验收中出现不合格项的外用电梯，应判定其整体不合格，并在验收意见中注明。如有经整改可达到合格可能时，可提出整改要求和意见。整改完毕后应再次进行验收，并在验收意见中注明。验收表应作为前次验收的附件存档。严禁验收不合格的外用电梯在施工现场投入使用。

4）外用电梯分段验收记录：当外用电梯因随建筑物的升高而升高时，应对其升高安装的部分进行分段验收，外用电梯的分段验收使用《外用电梯分段验收记录》。

5）外用电梯司机交接班记录

A. 外用电梯司机每班作业完毕，上一班的操作司机应与下一班的操作司机履行交接班手续。交接班时应填写《外用电梯司机交接班记录》。

B. 交接班的内容为：当班的作业内容、设备的运行情况等。接班司机对设备运行的情况应进行复核，并签署意见。

C. 《外用电梯司机交接班记录》平时由外用电梯司机保管，用完后交回，以便存档备查。

6）验收合格牌：经首次验收和分段验收合格的外用电梯，应填写《施工现场机械设备验收合格牌》，挂在外用电梯底部的显眼处。

7）资料整理要求：外用电梯的验收和分段验收记录应按验收的时间顺序编号，每次验收的有关附件应当附在每次的验收表后。

8）当施工现场有两台以上外用电梯时，每台外用电梯的资料应当独立成档。

（3）最终汇总目录资料

1）物料提升机的所有技术资料如产品合格证、使用说明书等；

2）物料提升机首次验收记录及与验收有关的资料；

3）物料提升机分段验收记录；

4）外用电梯的所有技术资料如产品合格证、使用说明书等；

5）外用电梯首次验收记录及与验收有关资料；

6）外用电梯分段验收记录；

7）施工现场外用电梯司机交接班记录。

（十一）施工机具安全内业管理

1. 施工机具安全内业管理规定

（1）各种施工机具运到施工现场，必须经检查验收确认符合要求挂合格证后，方可使用。施工单位应保留各施工机具的验收记录。

（2）施工现场各种小型机具应配有操作规程，操作人应持证上岗。建立小型机具使用管理办法，保证各种机具的安全装置，安全防护罩，漏电保护器，安全防护用品等齐全，可靠。

（3）所有用电设备的金属外壳、基座除必须与PE线连接外，且必须在设备负荷线的首端处装设漏电保护器。对产生振动的设备其金属基座、外壳与PE线的连接点不得少于两处；每台用电设备必须设置独立专用的开关箱，必须实行“一机一闸”并按设备的计算负荷设置相匹配的控制电器。

（4）各种设备应按规定装设符合要求的安全防护装置。

（5）作业人员必须按规定穿戴劳动保护用品，作业人员应按机械保养规定做好各级保养工作，机械运转中不得进行维护保养。

（6）手持式电动工具应符合下列规定：

1）若采用Ⅰ类手持式电动工具，必须将其金属外壳与PE线连接，操作人员应穿戴绝缘用品。空气湿度小于75%的一般场所可选用Ⅰ类或Ⅱ类手持电动工具。

2）手持式电动工具的负荷线应采用耐气候型的橡皮护套铜芯软电缆，并不得有接头。

3）手持式砂轮等电动工具应按规定安装防护罩。

（7）移动式电动机械应符合下列规定：

1）移动式电动机械的扶手应有绝缘防护，负荷线应采用耐气候型橡皮护套铜芯软电缆，操作人员必须按规定穿戴绝缘用品。

2）使用潜水泵放入水中或提出水面时，必须先切断电源，严禁拉拽电缆或出水管。

（8）固定式机械应符合下列规定：

1）机械安装应稳定牢固，露天应有防雨棚。操作及分、合闸时应能看到机械各部位工作情况。开关箱与机械的水平距离不得超过3m，其电源线路应穿管固定。

2）维修、清洗前，必须切断电源并有专人监护；清理料坑时，必须用保险链将料斗锁牢。注意混凝土搅拌机作业中严禁将工具探入筒内扒料。

3）混凝土浇筑人员不得在布料杆正下方作业，当布料杆呈全伸状态时，不得移动车身，施工超高层建筑时，应编制专项施工方案。

4）混凝土泵车作业前，应支牢支腿，周围无障碍物，上面无架空线路。

5）钢筋冷拉机场地应设置防护栏杆及警告标志，卷扬机位置应使操作人员看清全部冷拉现场，并应能避免断筋伤及操作人员。

6）严禁使用平刨和圆盘锯合用一台电动机的多功能机械。操作人员必须是经培训的指定人员。木工平刨、电锯必须有符合要求的安全防护装置，严禁随意拆除。

2. 施工机具安全内业管理要素

（1）施工机具进场验收管理

1）施工机具也要与大型设备一样，进入施工现场的常用施工机具：平刨、圆盘锯、钢筋机械、电焊机、搅拌机、打桩机械等安装后必须经过建筑安全监督管理部门验收，验收合格办理手续后，方可使用，不能把不合格的施工机具运进现场使用。从而能避免了设备一进场就带缺陷运行，避免发生事故的现象。

2）常用施工机具安全检查、验收，签字人员至少3人以上。

3）平刨、电锯、电钻等多用联合机械在施工现场严禁使用。

4）常用施工机具安全验收记录主要包括：

A. 平刨安装安全验收记录。

B. 圆盘锯安装安全验收记录。

C. 钢筋机械安装安全验收记录。

D. 电焊机安装安全验收记录。

E. 搅拌机安装安全验收记录。

F. 打桩机械安装安全验收记录。

G. 翻斗车安全验收记录。

H. 潜水泵安装安全验收记录。

I. 气瓶使用安全验收记录。

J. 手持电动工具安全验收记录。

K. 对焊机安装安全验收记录。

L. 其他施工机具安全验收记录。

（2）施工机具准用证

1）施工现场使用的打桩机械、翻斗车等必须办理准用证；必须经过建筑安全监督管理部门验收，确认符合要求后方可发给准用证。主要有翻斗车准用证；打桩机械准用证、打桩作业方案。

2）方案在保证安全生产管理的重要作用：打桩作业必须先编写作业方案，经批准后方可施工。

3）打桩作业应编制施工方案，并由具有企业法人资格的技术负责人批准签字，施工方案必须体现全面性、针对性、可行性、经济性、法令性和安全性的特点。

（3）设备出租单位评价、出租与承租单位安全责任协议。

（4）危及施工安全的工艺、设备、材料淘汰制度。属于下列情况之一的产品必须予以淘汰报废：

1）国家明令淘汰、规定不准再使用的；

2）存在严重事故隐患无改造、维护价值的；

3）超过安全技术标准规定的使用年限的；

4）磨损严重，基础部件已损坏，再进行维修不能达到安全使用要求的。

（5）施工机具管理措施

施工机具必须按照“技术管理和经济管理相结合”、“专业管理和群众管理相结合”、“修理、改造和更新相结合”和“以预防为主、维护保养与计划检修并重”的原则，认真抓好机械管理、使用、保养、修理和制配五个环节，做到合理选购、正确使用、精心维护、及时检修、安全经济地运行。

1）建立严格的机械验收交接制度：从施工机具进场、验收、安装、调试到试生产，一定要有严格的交接手续，做到附件、工具、资料清楚、齐全。

2）各部门要充分认识施工机具在施工和养护工作中所处的地位及其重要作用。分工主管施工机具的人员要定期组织检查施工机具管理工作情况。

3）按照项目工程特点常用机械分散保管使用和大型、专用机械集中计划使用的原则分别配置和管理各类机械。

4）根据施工能力和施工机具拥有量配备相应数量的管理、技术人员。各级施工机具管理人员要保持相对稳定，不要轻易变动。安排具有专业技术的机械工程师负责本单位的机械技术管理工作。

5）要认真对待机械的配置工作，建立严格的责任制，以保证配置的机械能发挥较好的效能。

6）施工机具管理的基本任务是通过采取一系列技术、经济、组织措施，以获得施工机具寿命周期费用最经济，机械综合效能最高的目标。

7）机械管理部门应根据施工和养护任务，配合使用部门编制年、季、月度机械使用计划，实行计划管理和经济核算，并经常检查各项定额和指标的完成情况，分析整理。

8）根据当前机械技术管理和经营管理的水平和需要，项目部机械管理部门应建立、健全并考核下列定额和指标：机械完好率、机械利用率、机械效率、装备率、机械化程度、产量（台班产量、年作业台班、年产量）、消耗（油料、轮胎、材料、配件、工具、替换机件）、保养修理（间隔期、停修期、工时、费用）等。定额和指标的计算方法与统计口径，按有关规定执行。

9）新购及调入的施工机具均应建账立卡，每年定期清查，附件随主机清点，并核定机械技术状况，做到物、账、卡三相符。

10）机械的技术管理和经营管理水平，必须通过各项技术经济定额和指标进行考核。为了全面完成和超额完成各项技术经济定额和指标，必须加强对原始记录的统计与管理。原始记录的填写要求准确、及时、完整。

11）操作人员（或统计员）对原始记录填写得好坏，应与奖励制度结合起来，并作为评奖条件之一。原始记录一般包括：运转台时、停置台时、重驶公里、空驶公里、燃料、材料、配件、消耗、完成工作量等内容。

12）要做好经济核算工作

A. 施工机具的经济核算是工程和养护单位经济核算的组成部分，应以财务部门为主，机械管理部门参与，共同搞好单机或班组核算等工作。

B. 实行经济核算必须具备：明确的责任制，严格的物资使用制度，准确的原始记录。

（6）小型施工机具管理

1）机具的采购管理

A. 项目经理部需用机具设备须先向器材部提出设备需用计划，由器材部调拨或由器材部询报价经总经理审批后购置（或授权项目部购置）。

B. 购置机具设备须有产品合格证，使用说明书，并符合国家、地方有关产品规定的要求。

C. 机具购置后，应将产品合格证、说明书交器材部登账存档，并办理领用手续。发票须经器材部签字报总经理审批后方可报销。

2）机具的管理

A. 机具由器材部统一管理、调配。

B. 机具成本由项目经理部一次性摊销，使用期间维修费用由项目经理部承担，器材部不收取租赁费。

C. 建立机具台账，制定相应的管理措施。进入项目经理部的机具由项目机电工长负责管理。

D. 各项目经理部调用机具，应由项目经理部、器材部共同按设备净值办理调拨手续。

E. 机具停用，须将机具维修保养完好封存由器材部统一调配，退场机具须零部件完整，对机具丢失，部件不完整或不维护保养的项目经理部，公司将视其程度对项目部实行经济处罚（主要表现在奖金）。

(7) 电动工具的管理

1) 电动工具的采购、验收及贮存管理

A. 采购部门根据各部门、车间提交的申购计划进行采购。

B. 工具申购部门负责新购电动工具的验收，新购电动工具必须带有国家强制性认证标志、产品合格证书和使用说明书等资料。

C. 电动工具必须存放在干燥，无有害气体和腐蚀性物质的场所。

2) 电动工具的使用管理

A. 电动工具在使用前，使用人员应认真阅读产品使用说明书，详细了解工具的性能和掌握正确使用的方法。使用时，使用人员应采取必要的防护措施。

B. 在一般作业场所，应使用Ⅱ类电动工具。若使用Ⅰ类电动工具时，还应在电气线路中采用额定剩余动作电流不大于 30mA 的剩余电流动作保护器、隔离变压器等保护措施。

C. 在潮湿作业场所或金属构架上等导电性能良好的作业场所，应使用Ⅰ类或Ⅲ类工具。

D. 在锅炉、金属容器、管道内等作业场所，应使用Ⅲ类工具或在电气线路中装设额定剩余动作电流不大于 30mA 的剩余电流动作保护器的Ⅱ类工具。Ⅲ类电动工具的安全隔离变压器，Ⅱ类工具的剩余电流动作保护器及Ⅱ、Ⅲ类电动工具的电源控制箱和电源耦合器等必须放在作业场所的外面。在狭窄作业场所操作时，应有人在外监护。

E. 在湿热、雨雪等作业环境，应使用具有相应防护等级的工具。

F. Ⅰ工类工具电源线中的绿/黄双色线在任何情况下只能用作保护接地线（PE）。

G. 电动工具的电源线不得任意接长或拆换。当电源离电动工具操作点距离较远而电源线长度不够时，应采用耦合器进行连接。

H. 电动工具电源线上的插头不得任意拆除或调换。

I. 电动工具的插头、插座应按规定正确接线，插头、插座中的保护接地极在任何情况下只能单独连接保护接地线（PE）。严禁在插头、插座内用导线直接将保护接地极与工作中性线连接起来。

J. 电动工具的危险运动零、部件的防护装置（如防护罩、盖等）不得任意拆卸。

K. 设备管理部门建立总台账，各使用部门必须建立本部门的电动工具使用、检查和维修的技术档案。

(8) 施工机具的内业资料记录

1) 施工机具检查验收记录按表（A）记录

2) 打桩（钻孔）机械验收记录按表（B）记录

3) 机械设备维修保养记录按表（C）记录

施工机具检查验收记录

表（A）
编号：

工程名称		安装时间	
机具名称		数量	
使用班组		安装人员	
分包单位		电工	
基本条件	机械设备绝缘阻值应符合设备或工具类别的要求		
	每台机械设备应有独立开关箱，且与机械设备水平距离不大于3m		
	Ⅰ类电动工具及其他用电设备应按规范要求接保护零线		
	Ⅰ、Ⅱ类电动工具应按使用环境选用漏电保护器		
	依据作业环境设置的防雨、防护设施应牢固可靠		
	安装场地应平整、坚实，有排水措施		
	固定使用的机械设备应设置安全操作规程牌		
	移动、露天使用的机具设备所用电源线应选用耐气候型橡皮护套铜芯软电缆		
	经试运转机具设备应性能良好		
	各种机具的传动部位防护罩应齐全牢固		
设备名称	验收内容	验收结果（合格√、不合格×）	备注
手持电动工具	手持电动工具的砂轮、刀具的安装应牢固、配套		
	应按使用环境选类型、使用Ⅲ类工具应使用安全隔离型变压器		
	工具手柄、外壳应完好，无破损、绝缘良好		
	电源线不得有接头		
木工机具	旋转锯片必须设防护罩		
	锯片应安装牢固，无裂纹，断齿不得超过2个		
	平刨机应有护手安全装置		
钢筋机械	机械设备的离合器、变速箱应符合要求，制动器灵敏有效		
	机械设备安装位置四周应有足够的操作空间		
	冷拉机场地应有围挡及标志，地锚牢固		
电焊机	外壳完整，一二次接线柱处应有保护罩		
	电源线长不大于5m，二次线长不大于30m		
	交流电焊机应安装防二次侧触电保护装置		
混凝土机械	搅拌机械的工作机构、制动器、离合器、仪表等应完好		
	料斗上下限位灵敏有效，保险销、保险链、钢丝绳及挂钩完好		
	设备进料口及搅拌斗防护网应完好牢固		
	液压泵液压系统的溢流阀、安全阀应齐全有效		
	泵管磨损量符合要求，安装架设合理牢固		

续表

设备名称	验　收　内　容	验收结果（合格√、不合格×）	备注
振捣器	插入式振捣器、电动机、软管、控制开关完好，电源电缆长应不大于 30m，PE 线连接点不少于二处。		
打夯机	手柄绝缘护套良好，电源线不应大于 50m，PE 线连接点不少于二处。		
气焊（割）设备	气瓶应在有效检验期内，压力表应灵敏正常		
	各类气瓶未安装减压器的不得使用		
	乙炔瓶使用时应设有防止回火的安全装置		
	乙炔瓶、氧气瓶之间及与明火距离应符合规定		
	气瓶防震圈和防护帽配套齐全		
潜水泵	使用前出水管绑扎应牢固		
	放气、放水、注油等螺塞应旋紧		
	应设有拉绳不得拉拽电缆或水管		
	工作时，泵周围 30m 内水面不得有人畜进入		
场内机动车辆	司机应持证上岗		
	车辆制动、转向装置灵敏有效、照明信号装置齐全。		
	安全装置灵敏有效		

验收结论：

安装单位： 负责人（签字）： 年　月　日	使用单位： 技术负责人（签字）： 年　月　日
总包单位： 项目技术负责人（签字）： 年　月　日	监理单位： 监理工程师（安全）（签字）： 年　月　日

注：本表由施工单位机械设备管理人员填写，监理单位、施工单位各存一份。

打桩（钻孔）机械验收记录

表（B）

编号：

工程名称		验收日期	
总包单位		分包单位	
租赁单位		安装单位	
设备型号		生产许可证号	

序号	检查项目	验收内容与要求	验收结果
1	外观验收	灯光正常、仪表正常齐全有效	
		全车各部位无变形、驱动轮、拖链轮、支重轮无变形、行走链条磨损符合机械性能要求	
		配重安装符合要求	
		无任何部位漏油、漏气、漏水、外观整洁	
2	检查油位水位	水箱水位、电瓶水位正常	
		机油油位正常、液压油位正常	
		方向机油油位正常、刹车制动油位正常	
		变速箱油位正常、各齿轮油位正常	
3	发动机部分	机油压力怠速时不少于 1.5kg/cm^2	
		水温正常	
		发动机运转正常无异响	
		各辅助机构工作正常	
4	液压传动部分	液压泵压力正常、液压油温无异常	
		支腿正常伸缩，无下滑拖滞现象、回转正常	
		变幅油缸无下滑现象、钻斗提升油缸正常	
5	底盘部分	变速箱正常	
		刹车系统正常、各操作控制机构正常	
		动力头运转正常、钻杆无弯扭变形	
6	防护	有产品质量合格证	
		起重钢丝绳无断丝、断股，无乱绳，润滑良好，符合安全使用要求	
		吊钩、卷筒、滑轮无裂纹，符合安全使用要求	
		起升高度限位器的报警切断动力功能正常	
		水平仪的指示正常	
		防过放绳装置功能正常	
		高压线附近作业，保证足够的安全距离	
		设置专用配电箱，电源线按要求架设或有保护措施，临时用电应符合《施工现场临时用电安全技术》规范要求	
		操作工持证上岗，遵守操作规程	
		驾驶室内挂设安全技术性能表和操作规程	

续表

<table>
<tr><td>验收结论</td><td colspan="4"></td></tr>
<tr><td rowspan="2">验收人签字</td><td>总包单位</td><td>分包单位</td><td>租赁单位</td><td>安装单位</td></tr>
<tr><td></td><td></td><td></td><td></td></tr>
</table>

监理单位意见：

符合验收程序，同意使用（　　）　　不符合验收程序，重新组织验收（　　）

监理工程师（安全）（签字）：

总监理工程师（签字）：

年　　月　　日

注：本表由施工单位填写，监理单位、施工单位、租赁单位各存一份。

机械设备维修保养记录

表（C）

编号：

<table>
<tr><td>机械设备名称</td><td></td><td>规格型号</td><td></td><td>设备出厂日期</td><td></td></tr>
<tr><td>设备使用年限</td><td></td><td colspan="2">设备使用单位</td><td colspan="2"></td></tr>
<tr><td>工程名称</td><td colspan="3"></td><td>记录签发人</td><td></td></tr>
<tr><td>实施项目保养内容</td><td colspan="5"></td></tr>
<tr><td>保养项目要求</td><td colspan="5"></td></tr>
<tr><td>保养记录</td><td colspan="5"></td></tr>
<tr><td>发现问题及
解决办法</td><td colspan="5"></td></tr>
<tr><td>更换主要
零配件等记录</td><td colspan="5"></td></tr>
<tr><td>备注</td><td colspan="5"></td></tr>
<tr><td>项目保养验收意见</td><td>项目主要保养人（签字）</td><td colspan="2">设备技术负责人（签字）</td><td colspan="2">年　月　日</td></tr>
</table>

注：本表由施工单位设备维修人员填写。

参 考 文 献

［1］ 廖亚立. 建设工程安全管理小全书. 哈尔滨：哈尔滨工程大学出版社，2009.8.
［2］ 姜敏. 现代建筑安全管理. 北京：中国建筑工业出版社，2009.
［3］ 张瑞生. 建筑工程质量与安全管理. 北京：科学出版社 2011.
［4］ 贾联，徐仲秋. 建筑施工企业安全生产管理. 北京：中国环境出版社，2013.6.
［5］ 陈翔. 建筑工程质量与安全管理. 北京：北京理工大学出版社，2009.6.
［6］ 张瑞生. 建设工程安全管理. 武汉：武汉理工大学出版社，2009.1.
［7］ 郭爱云. 施工现场安全管理. 北京：中国电力出版社，2013.10.
［8］ 张立新. 建设工程施工现场安全技术管理. 北京：中国电力出版社，2009.2.
［9］ 倪新贤. 安全建立责任及实施指南. 郑州：黄河水利出版社，2010.11.
［10］ 张立新. 建设工程施工现场安全与技术管理实务. 北京：中国建材工业出版社，2006.11.
［11］ 朱建军. 建筑安全工程. 北京：化学工业出版社，2007.7.
［12］ 李雪峰. 建筑安全管理手册. 北京：中国建材工业出版社，2012.7.
［13］ 李坤宅. 建筑施工安全资料手册. 北京：中国建筑工业出版社，2008.3
［14］ 孙加保，李成鑫. 建设工程技术文件的编制(建设工程技术内业)北京：化学工业出版社，2006.8.
［15］ 周松国，邓铭庭. 市政工程施工安全技术与管理. 北京：中国建筑工业出版社，2015.5.